Selbst Albert Einstein war es nicht gelungen, die vier Elementarkräfte der Natur – die schwache und die starke Kernkraft sowie die elektromagnetische und die Gravitationskraft – auf eine einheitliche Theorie zurückzuführen. Heute glauben anerkannte Physiker, mit dem Superstring-Modell eine solche Theorie gefunden zu haben. Sie unterscheidet sich von allen vorangegangenen Theorien, weil sie von einem fundamental anderen physikalischen Bild ausgeht: Materie besteht nicht aus punktförmigen Teilchen, sondern aus vibrierenden ›Strings‹, die sich, ähnlich wie die Saiten einer Violine, nur in ihren Schwingungsfrequenzen voneinander unterscheiden. Die Superstring-Theorie macht verblüffende Voraussagen über die Zukunft unseres Planeten wie über den Anfang der Zeit noch vor dem Urknall, mit dem das Universum entstand.

Darüber hinaus werden in diesem Buch 300 Jahre Physik lebendig – nicht nur die Theorien, sondern auch deren Entdecker, mit ihrer oft bizarren, manchmal tragischen Lebensgeschichte.

Jenseits von Einstein gibt nicht nur Einblicke in die neuesten Theorien des physikalischen Universums – vom Mikrokosmos der Elementarteilchen bis zum Makrokosmos der Sterne und Galaxien –, sondern zeigt auch die philosophischen Dimensionen, die den großen physikalischen Theorien zugrunde liegen.

Das Buch bietet eine Zusammenfassung der kosmologischen Grundgedanken der letzten Jahre.

Michio Kaku ist Professor für theoretische Physik an der Universität Harvard. Jennifer Trainer studierte Physik an der Tufts University und ist freie Schriftstellerin.

insel taschenbuch 1791

Michio Kaku / Jennifer Trainer

Jenseits von Einstein

Michio Kaku / Jennifer Trainer

Jenseits von Einstein

Die Suche nach der Theorie des Universums

Aus dem Amerikanischen von
Ilse Davis Schauer

[illegible]
Oktober 2000

Insel Verlag

insel taschenbuch 1791
Erste Auflage 1996
Insel Verlag Frankfurt am Main und Leipzig

Lizenzausgabe
Hinweise zu dieser Ausgabe am Schluß des Bandes
Vertrieb durch den Suhrkamp Taschenbuch Verlag
Umschlag nach Entwürfen von Hermann Michels
Druck: Nomos Verlagsgesellschaft, Baden-Baden
Printed in Germany

1 2 3 4 5 6 - 01 00 99 98 97 96

Inhalt

Danksagung

Wir danken Brigita Fuhrmann und Cheryl Murphy für ihre Zeichnungen und Michael Albert, David Aplin, Howard Chang, Peter Duble, Daniel Greenberger, Arthur I. Miller, Heinz Pagels und John Schwarz für ihre großzügige Unterstützung.

Einführung

Die Idee zu diesem Buch reicht zurück in die Mitte der fünfziger Jahre, als der Autor, Michio Kaku, zum ersten Mal von Einsteins einheitlicher Feldtheorie hörte. Damals erfuhr der Viertkläßler Michio in seiner Schule in Kalifornien vom Tode des großen Naturwissenschaftlers Albert Einstein. Er hörte, daß Einstein, der durch viele wichtige Entdeckungen Weltruhm erlangt hatte, gestorben war, noch ehe er die Arbeit, die seine wichtigste hätte werden sollen, hatte vollenden können, und er war von dieser Geschichte fasziniert.

Wenn Einstein tatsächlich so bedeutend war, so dachte der kleine Michio, muß sein unvollendetes Projekt etwas Einzigartiges gewesen sein – ein Werk, das eine außergewöhnliche Karriere gekrönt hätte. Neugierig durchstöberte Michio die Bibliotheken, um noch mehr über diese einheitliche (oder vereinheitlichte) Feldtheorie herauszufinden, doch er entdeckte weder ein Buch noch einen Artikel zu diesem sonderbaren Thema. Es gab zwar einige Fachtexte zur Quantenmechanik, doch für den jungen Michio waren sie weitgehend unverständlich, und vor allem fand er in ihnen keinerlei Hinweise auf die gesuchte einheitliche Feldtheorie.

Nun wandte sich Michio an seine Lehrer, doch sie hatten keine Antwort für ihn. Und selbst Physiker, die er in späteren Jahren traf, zuckten resigniert die Achseln, wenn er auf Einsteins letzte Theorie zu sprechen kam. Die meisten Physiker hielten es damals für verfrüht, manche sogar für eine Anmaßung zu glauben, daß es gelinge könne, die vier Kräfte des Universums zu vereinigen. Michio erinnerte sich auch an die etwas hochtrabenden Worte des Physikers Wolfgang Pauli, der Mensch solle nicht zusammenfügen, was Gott getrennt habe.

Jahre später, als er sich mit einer Theorie beschäftigte, die als »String-Theorie« bezeichnet wird (und eine Theorie der starken Wechselwirkungen ist), nahm Michio schließlich von seinem Traum Abschied; auch er hielt nun die Suche nach einer vereinheitlichten, alle vier Grundkräfte einschließenden Feldtheorie für ein vergebliches Unterfangen. Niemand nahm damals die Mutmaßungen der beiden Physiker John Schwarz und Joël Scherk ernst, wonach eine ausgereiftere Version dieser String-Theorie möglicherweise die sagenhafte einheitliche Feldtheorie sein könne, nach der Einstein und andere Größen der modernen Physik so lange gesucht hatten.

Schließlich erfolgte im Jahre 1984 ein wichtiger Vorstoß, der die Voraussagen von Schwarz und Scherk bestätigte. Die Superstring-Theorie schien der beste (und einzige) Kandidat für eine einheitliche Feldtheorie zu sein.

Obwohl die Theorie auch heute noch nicht bis ins einzelne ausgearbeitet ist, stand bereits damals fest, daß ihre Entdekkung einen entscheidenden Beitrag zur Physik der Elementarteilchen leisten könnte. Michio hatte in Zusammenarbeit mit der Autorin Jennifer Trainer bereits ein Buch mit dem Titel *Nuclear Power: Both Sides* geschrieben, und so war es nur natürlich, sich wieder zusammenzutun und die Frage zu beantworten, die Michio schon dreißig Jahre zuvor fasziniert hatte: »Wie sieht eine vereinheitlichte Feldtheorie aus?«

Gemeinsam wollten wir ein Buch schreiben, das dem neugierigen Laien als Wegweiser dienen könnte. Es sollte ein Buch über die »Superstring-Revolution« werden, das diejenigen Informationen und Erkenntnisse lieferte, die sonst häufig nur den Experten vorbehalten bleiben, und es sollte seinen Gegenstand auf eine lebendige und informative Art und Weise präsentieren. Wir waren überzeugt, daß unsere jeweiligen Erfahrungen – als theoretischer Physiker und als Autorin – diesem Ziel zugute kämen.

Unser Ziel war weiterhin, die Leser mit der Welt der Physik vertraut zu machen und die Superstring-Theorie im Kontext der Physik der letzten dreihundert Jahre darzustellen. Häufig behandeln Autoren nur einen einzigen Aspekt der modernen Physik – sei es die Relativitätstheorie oder die Quantenmechanik oder die Kosmologie – und lassen dabei den größeren Zusammenhang außer acht. *Jenseits von Einstein* dagegen möchte die Verbindung zwischen den einzelnen Forschungsgebieten herstellen und aufzeigen, wie sich jede einzelne Theorie schließlich in ein Gesamtbild der Physik einfügt. Was hat die einheitliche Feldtheorie mit der Quantenmechanik zu tun? Wie läßt sich Newtons Theorie der Schwerkraft mit der Superstring-Theorie verknüpfen? Dies sind nur einige der Fragen, die in diesem Buch behandelt werden.

Wir freuen uns über die neuen Erkenntnisse in der Physik, und wir freuen uns auch über unser Buch *Jenseits von Einstein*. Wir hoffen, daß es uns gelungen ist, ein interessantes und zugleich fachlich korrektes Buch zu schreiben – kurz, eines, das Michio gern gehabt hätte, als er noch ein Kind war.

Michio Kaku
Jennifer Trainer

I. Eine Theorie des Universums

1. Superstring – eine Theorie für alles?

Die moderne Physik wird derzeit von einer gewaltigen Revolution erschüttert. Eine junge, brillante Theorie macht sich daran, unsere vertrauten, aber teilweise veralteten Vorstellungen über unser Universum mit Hilfe einer neuen Mathematik von großer Geschlossenheit und Eleganz zu erneuern. Noch sind nicht alle Fragen, die diese Theorie aufwirft, restlos geklärt, doch ist der Aufruhr, den sie unter den Physikern entfacht hat, überall spürbar. Führende Wissenschaftler in aller Welt sprechen heute davon, daß wir die Genese einer neuen Physik erleben, und ihre Verfechter hoffen, daß es die »endgültige Theorie des Universums« sein könne.

Die neue »Superstring-Theorie«, wie sie genannt wird, ist der vorläufige Endpunkt einer Reihe bahnbrechender Entwicklungen der letzten beiden Jahrzehnte, die darauf hindeuten, daß wir jetzt vielleicht doch einer einheitlichen Feldtheorie auf der Spur sind: einer umfassenden mathematischen Beschreibung einer Vereinheitlichung aller bekannten Kräfte des Universums.

Obwohl Physiker auf neue theoretische Ansätze in der Regel eher zurückhaltend reagieren, verkündete der am Institute for Advanced Studies in Princeton arbeitende Physiker Edward Witten, daß seiner Ansicht nach die Superstring-Theorie das dominierende Thema der nächsten fünfzig Jahre sein werde. »Die Superstring-Theorie ist in jeder Hinsicht ein Wunder«, meinte er. Und auf einer Physiker-Konferenz erstaunte er seine Zuhörer mit der Feststellung, daß die derzeitige physikalische Revolution ebenso bedeutend sei wie die Entdeckung der Quantentheorie: »Wahrscheinlich werden wir zu einem völlig neuen Verständnis von Raum und Zeit gelangen; Superstrings ist die dramatischste [Theorie] seit der Entdeckung der Allgemeinen Relativität«.[1]

Selbst die Zeitschrift ›Science‹, sonst immer darauf bedacht, den Aussagen einzelner Wissenschaftler nicht zuviel Gewicht beizumessen, scheute sich nicht, die Geburt der Superstring-Theorie mit der Entdeckung des Heiligen Grals zu vergleichen. Diese Revolution, so ›Science‹, sei für die Physik »ebenso bahnbrechend wie der Übergang von reellen zu komplexen Zahlen für die Mathematik«.[2]

Zwei ihrer Begründer, John Schwarz vom California Institute of Technology und Michael Green vom Queen Mary College in London, nennen die Superstring-Theorie – mit leichter Ironie – eine »Theorie für alles« (»Theory of Everything«, TOE).[3]

Im Zentrum der erregten Reaktionen lebt die Hoffnung, daß eine einzige, umfassende Theorie imstande sein könne, alle bekannten physikalischen Phänomene zu erklären – angefangen von der Bewegung der Galaxien bis hin zu den dynamischen Prozessen im Inneren eines Atomkerns. Und nicht nur das: Die Superstring-Theorie liefert auch überzeugende Modelle für den Ursprung des Universums, den Anfang der Zeit und die Existenz multidimensionaler Universen.

Daß eine einzige Theorie das gesamte, in mehreren Tausend Jahren mühsam erarbeitete Wissen über unser Universum zusammenfassen könnte, ist (nicht nur) für Physiker eine schlichtweg berauschende Vorstellung. Das wird verständlich, wenn man das *Handbuch der Physik* zum Vergleich nimmt, eine von deutschen Physikern zusammengestellte Enzyklopädie, die alle bisherigen physikalischen Erkenntnisse zusammenfaßt. Wenn die Superstring-Theorie richtig ist, lassen sich alle Informationen selbst dieses grundlegenden Handbuchs, dessen Bände ein ganzes Bibliotheksregal füllen, im Prinzip aus einer einzigen Gleichung ableiten.

Das Faszinierende an der Theorie der Superstrings liegt für die Physiker vor allem darin, daß sie zu einem neuen Verständnis der Natur der Materie zwingt. Wie schon die Naturphilosophie der griechischen Antike, ging die moderne Wissenschaft lange Zeit davon aus, daß die Grundbausteine des Universums winzige, punktförmige Teilchen seien. Demokrit prägte das Wort »atomos« (»unteilbar«), um diese kleinsten unzerstörbaren Bestandteile der Materie zu beschreiben.

Die Superstring-Theorie vertritt dagegen die These, daß die Grundbausteine der Natur winzigen schwingenden Fäden gleichen, ähnlich den Saiten einer Violine. Demzufolge würden die Protonen und Neutronen jeder Materie, sei es der menschliche Körper oder der fernste Stern, sich letztlich aus diesen Fäden oder Saiten (im Englischen = Strings) zusammensetzen. Niemand hat diese Strings je gesehen, da sie viel zu winzig sind, um beobachtet werden zu können (ungefähr 100 Milliarden Milliarden mal kleiner als ein Proton). Der Superstring-Theorie zufolge schien die Welt bisher nur deshalb aus punktförmigen Teilchen zu bestehen, weil unsere Meßinstrumente zu grob sind, um diese winzigen Strings sichtbar zu machen.

Zunächst mag es seltsam erscheinen, daß ein so einfaches Konzept – punktförmige Teilchen durch fadenförmige zu ersetzen – die unermeßliche Vielfalt von Teilchen und Kräften (die durch die Wechselwirkung zwischen den Teilchen entstehen) in der Natur erklären kann. Doch die Superstring-Theorie ist so elegant und so umfassend, daß das Vorhandensein der unterschiedlichen Milliarden und Abermilliarden von Teilchen und Substanzen im Universum, jede mit ihren ganz eigenen Merkmalen, faßbar wird.

Die Superstrings liefern ein einheitliches und vollständiges Bild der Natur, ähnlich wie auch eine Violinsaite im Prinzip alle Töne und Gesetzmäßigkeiten der Musik in sich vereinigt. Jahrtausendelange mühsame Forschung war nötig, ehe anhand der verschiedenen Töne und Klangfolgen die Harmoniegesetze der Musik formuliert werden konnten. Heute lassen sich diese Gesetze anhand eines einzigen Bildes erklären – zum Beispiel an einer Violinsaite, die mit unterschiedlichen Frequenzen schwingt und dabei jeweils einen bestimmten Ton auf der Tonleiter erzeugt. Die Töne, die durch die Schwingungen der Saiten erzeugt werden, etwa ein C oder ein B, unterscheiden sich nicht grundlegend von anderen Tönen. Grundlegend ist jedoch die Tatsache, daß ein einziges Konzept – schwingende Saiten – ausreicht, um die Gesetze der Harmonie zu erklären.

Die Kenntnis der Physik einer schwingenden Violinsaite erlaubt uns daher, eine umfassende Theorie der Töne zu formulieren, und gestattet Voraussagen über völlig neue Harmonien und Akkorde. Gleicherweise sind nach der Superstring-Theorie die Elementarkräfte und unterschiedlichen Teilchen in der Natur lediglich unterschiedlich ausgeprägte Schwingungen der Strings. So wird beispielsweise die Wechselwirkung der Gravitation durch den niedrigsten Schwingungsmodus eines schleifenförmigen Strings verursacht. Höher angeregte Schwingungen des Strings erzeugen andere Formen der Materie. Vom Gesichtspunkt der Superstring-Theorie aus gesehen ist also keine Kraft und kein Teilchen in der Natur fundamentaler als ein anderes. Sie sind lediglich unterschiedliche Resonanzschwingungen der Strings. Damit ist es möglich, daß anhand eines Prinzips – des Modells der Superstrings – die Existenz aller Teilchen und Atome im Universum erklärt werden kann.

Die uralte Frage »Was ist Materie?« erhält so eine direkte Antwort: Materie besteht aus Teilchen, die, wie in der Musik die Noten G oder F, unterschiedliche Schwingungen von »Saiten« darstellen. Die »Musik«, die durch die Saiten erzeugt wird, ist die Materie selbst.

Daß die neue Theorie die Aufmerksamkeit der Physiker so anziehen konnte, hat seinen tiefen Grund aber darin: Womöglich vermag sie das vorrangigste wissenschaftliche Problem unseres Jahrhunderts zu lösen, nämlich wie sich die vier

Elementarkräfte der Natur in einer einzigen umfassenden Theorie vereinigen lassen. Im Zentrum steht die Erkenntnis, daß die vier Grundkräfte, die unser Universum beherrschen, lediglich verschiedene Erscheinungsformen einer einzigen Kraft sind, die alles in sich vereinigt und die von Superstrings gesteuert wird.

Die vier Urkräfte

Was ist eine »Kraft«?

Alles, was einen Körper in Bewegung setzen kann, wird als Kraft bezeichnet. Der Magnetismus ist z. B. eine Kraft, denn er kann eine Kompaßnadel drehen. Die Kraft der Elektrizität verursacht, daß uns manchmal »die Haare zu Berge stehen«.

Im Laufe der letzten zweitausend Jahre erkannte man nach und nach, daß es lediglich vier Elementarkräfte gibt: Die Gravitation (Schwerkraft), den Elektromagnetismus (Licht) sowie die schwache und die starke (nukleare) Kraft oder Wechselwirkung. (Andere Erscheinungen, die von unseren Vorfahren als Kräfte angesehen wurden, so wie Feuer oder Wind, können aus diesen vier Urkräften erklärt werden.) Eines der großen kosmischen Rätsel blieb jedoch unbeantwortet: Warum sind diese vier Kräfte so völlig verschieden voneinander? Seit etwa fünfzig Jahren arbeiten Physiker daran, diese Frage zu klären und die vier Naturkräfte in einer einzigen Theorie miteinander zu verbinden.

Um das Bahnbrechende der Superstring-Theorie für die Physik zu verdeutlichen, wollen wir kurz jede der vier Elementarkräfte und ihre unterschiedlichen Eigenschaften beschreiben.

Die *Gravitation* ist eine anziehende Kraft, die z. B. das Sonnensystem zusammenhält. Sie sorgt dafür, daß die Erde und die Planeten in ihren Umlaufbahnen bleiben, und sie verhindert, daß die Sterne explodieren. Die Gravitation ist die dominierende Kraft im Universum; ihre Wirkung erstreckt sich über Trillionen und Abertrillionen von Kilometern bis hin zu den fernsten Sternen und Galaxien; sie ist aber ebenso der Grund dafür, weshalb ein Apfel zu Boden fällt und weshalb wir auf dem Erdboden bleiben.

Die *elektromagnetische Kraft* hält z. B. das Atom zusammen. Sie läßt die negativ geladenen Elektronen den positiv geladenen Kern des Atoms umkreisen. Weil diese elektromagnetische Kraft die Umlaufbahnen der Elektronen bestimmt, dominiert sie die Gesetze der Chemie.

Auf der Erde ist die elektromagnetische Kraft der Schwerkraft häufig überlegen. Wenn man zum Beispiel einen Kunststoff-Kamm reibt, kann man damit Papierschnitzel von einem Tisch hochheben. Die elektromagnetische Kraft wirkt also der nach unten gerichteten Gravitation entgegen und beherrscht die anderen Kräfte bis hinunter zu einer Größenordnung von 0,000 000 000 0001 cm (10^{-13} cm), was ungefähr der Größe eines Atomkerns entspricht.

(Licht ist vielleicht die bekannteste Wirkung der elektromagnetischen Kraft. Wenn ein Atom gestört wird, wird die Bewegung der Elektronen unregelmäßig, und sie geben Licht oder andere Formen von Strahlung ab. Neben Licht gehören z. B. Röntgenstrahlen, Radarwellen und die Mikrowelle zum Spektrum der elektromagnetischen Strahlung. Zwei nicht mehr wegzudenkende Bestandteile unseres Lebens, Radio und Fernsehen, beruhen also auf unterschiedlichen Ausprägungen der elektromagnetischen Kraft).

Im Inneren eines Atomkerns ist die elektromagnetische Kraft den beiden weiteren Kräften, der schwachen und der starken (Kern-)Kraft unterlegen.

Die *starke Kernkraft* bindet die Protonen und Neutronen im Atomkern aneinander. Protonen sind immer positiv geladen. Ihre elektrische, abstoßende Kraft würde den Kern sprengen, wenn sie nicht der dort dominierenden starken Kernkraft unterläge, die die Protonen aneinander bindet. Vereinfacht gesagt, können nur wenige chemische Elemente das empfindliche Gleichgewicht zwischen der starken (bindenden) Kernkraft und der (abstoßenden) elektrischen Kraft, die den Kern zerreißen will, aufrechterhalten.

Das macht verständlich, weshalb nur etwa einhundert Elemente in der Natur bekannt sind. Bei einem Element, das mehr als hundert Protonen in seinem Kern enthielte, gelänge es selbst der starken Kernkraft kaum, der elektrischen Abstoßung zwischen den Protonen entgegenzuwirken.

Wird die starke Kernkraft plötzlich freigesetzt, kann das katastrophale Folgen haben. Wenn beispielsweise der Urankern in einer Atombombe gespalten wird, entlädt sich die im Kern eingeschlossene Energie explosiv in Form einer nuklearen Detonation. Die Atombombe setzt dann, Gramm für Gramm, Energie frei, deren Sprengkraft um mehr als eine Million mal stärker ist als die von Dynamit. Daran wird sichtbar, daß die starke Kernkraft sehr viel mehr Energie erzeugen kann als ein chemischer Sprengstoff, der von der elektromagnetischen Kraft gesteuert wird.

Die starke Kraft ist auch die Ursache für das Leuchten der Sterne. Ein Stern ist ein riesiger nuklearer Schmelzofen, in dessen Zentrum die starke Kernkraft Energie freisetzt. Würde die Sonnenenergie beispielsweise durch das Verbrennen von Kohle erzeugt anstatt durch das Verschmelzen von Atomkernen, würde nur ein minimaler Bruchteil des Sonnenlichts produziert; die Sonne würde in einigen tausend Jahren verglühen und zu Asche werden. Ohne Sonnenlicht würde die Erde erkalten und alles Leben schließlich ersterben. Ohne die starke Kernkraft würden deshalb die Sterne nicht scheinen, es gäbe keine Sonne, und auf der Erde wäre kein Leben möglich.

Die meisten Kerne wären stabil, wenn in ihnen nur die starke Kernkraft am Werk wäre. Die Erfahrung lehrt jedoch, daß gewisse Kerne (zum Beispiel Uran, das 92 Protonen enthält) so viel Masse besitzen, daß sie automatisch zerfallen und dabei kleinere Fragmente freisetzen; wir bezeichnen diese Eigenschaft als Radioaktivität. Der Kern in diesen

Elementen ist ganz offensichtlich instabil und tendiert dazu, auseinanderzufallen. Demnach muß hier noch eine andere, schwächere Kraft am Werk sein, die die Radioaktivität bestimmt und für den Zerfall sehr schwerer Kerne verantwortlich ist. Dies ist die sog. *schwache (Kern-)Kraft*. Sie ist so flüchtig, daß sie für uns nicht direkt, sondern nur in ihren indirekten Auswirkungen wahrnehmbar ist.

Ein Geigerzähler, neben einem Stück Uran angebracht, erzeugt ein Klicken, das die Radioaktivität des Kerns mißt. Diese Radioaktivität wird durch die schwache Kernkraft verursacht, deren Energie auch für die Wärmeproduktion genutzt werden kann. Die ungeheure Hitze im Erdinneren stammt teilweise vom Zerfall radioaktiver Elemente im Erdinneren. Wenn diese gewaltige Hitze an die Erdoberfläche gelangt, kann sie sich in der Wucht eines Vulkanausbruchs entladen. Auch die Energie, die in Kernkraftwerken für die Wärmeproduktion gewonnen wird, wird durch die schwache Kraft (und durch die starke Kernkraft) erzeugt.

Ohne diese vier Urkräfte ist Leben nicht denkbar. Die Atome unseres Körpers würden zerfallen, die Sonne würde bersten und die atomaren Feuer, die die Sterne und Galaxien zum Leuchten bringen, würden verlöschen. Daß unser Universum von Elementarkräften beherrscht wird, ist eine alte und den Menschen vertraute Vorstellung. Neu daran ist jedoch, daß diese Urkräfte lediglich verschiedene Manifestationen ein und derselben Kraft sind.

Die Tatsache, daß ein Gegenstand sich auf verschiedene Weise manifestieren kann, läßt sich leicht durch unsere Alltagserfahrung belegen. Wenn man Wasser bis zum Siedepunkt erhitzt, verwandelt es sich in Dampf und damit in ein Gas, das ganz andere Eigenschaften aufweist als die Flüssigkeit, aus der es hervorgeht. Nach wie vor ist es jedoch Wasser, allerdings aufgrund veränderter Bedingungen in einer völlig anderen Erscheinungsform, in anderem Aggregatzustand.

Nun lassen wir das Wasser erkalten, bis es zu Eis gefriert.

Indem Hitze abgezogen wird, wandelt sich die flüssige Substanz in eine feste. Doch noch immer ist es Wasser – wiederum in anderer Form aufgrund veränderter Bedingungen.

Ein ungewöhnlicheres Beispiel ist die Umwandlung eines Stücks Materie in Licht. Unter bestimmten Voraussetzungen kann ein Gesteinsbrocken in gigantische Energiemengen umgewandelt werden; dramatisch ist diese Umwandlung vor allem, wenn es sich um ein Stück Uran handelt und die Energie beim Zünden einer Atombombe freigesetzt wird. Die Materie kann sich hier in zwei Formen manifestieren – entweder als materielles Objekt (Uran) oder als Energie (Strahlung). Wie beim vorgenannten Beispiel geschieht physikalisch nichts weiter, als daß eine spezielle Substanz unter bestimmten Bedingungen ihr Erscheinungsbild verändert.

Anhand solcher Beispiele haben Wissenschaftler in den letzten hundert Jahren erkannt, daß Elektrizität und Magnetismus Ausprägungen ein und derselben Kraft sind. Doch erst in den letzten zwanzig Jahren setzte sich die Erkenntnis durch, daß auch die schwache Kraft als eine Manifestation ein und derselben Kraft angesehen werden kann. Den Nobelpreis des Jahres 1979 erhielten drei Physiker (Sheldon Glashow, Abdus Salam und Steven Weinberg) für den Nachweis, daß die elektromagnetische und die schwache Kraft in einer einzigen Kraft, der sogenannten »elektroschwachen« Kraft, vereinigt werden können.

Heute vertreten Physiker eine weitere Theorie, die sogenannte »Große Vereinheitlichte Theorie« (abgekürzt GUT nach dem englischen Begriff »Grand Unified Theory«); sie vereinigt die elektroschwache Kraft mit der starken Kernkraft.

Doch die verbleibende Kraft – die Gravitation – hat sich dem Verständnis der Physiker lange entzogen. Tatsächlich hat die Schwerkraft so wenig mit den anderen Elementarkräften gemein, daß Physiker bei ihren Versuchen, sie mit den anderen zu vereinigen, fast verzweifeln. Zwar ist es eine der großen Errungenschaften der Quantenmechanik, die übrigen Kräfte vereinigt zu haben, doch versagte diese Theorie völlig, wenn man versuchte, sie auf die Schwerkraft auszudehnen.

Das fehlende Glied

In der Wissenschaft besteht seit langem Konsens darüber, daß zwei große Theorien, die im 20. Jahrhundert formuliert wurden, alle anderen an Bedeutung weit überragen: die Quantenmechanik, die mit ihrer Beschreibung der subatomaren Kräfte aufsehenerregende Erfolge erzielte, und Einsteins Theorie der Schwerkraft, die Allgemeine Relativitätstheorie. In gewissem Sinne sind beide Theorien einander entgegengesetzt: Die Quantenmechanik erforscht die mikroskopisch kleine Welt der Atome, Moleküle, Protonen und Neutronen, die Relativitätstheorie hingegen den Makrokosmos, die Welt der Sterne und Galaxien.

Eines der größten Rätsel dieses Jahrhunderts lag für Physiker unseres Jahrhunderts in der Frage, warum diese beiden maßgebenden Theorien, aus denen sich praktisch das gesamte physikalische Wissen über unser Universum ableiten läßt, offensichtlich nicht miteinander kompatibel sind. Die bedeutendsten Physiker unserer Zeit sind bei dem Versuch, die Quantenmechanik mit der Allgemeinen Relativitätstheorie zu vereinigen, gescheitert. Auch Einstein zählt dazu, der die letzten dreißig Jahre seines Lebens mit der vergeblichen und einsamen Suche nach einer einheitlichen, Licht und Schwerkraft vereinigenden Theorie verbrachte.

Jede der beiden Theorien erzielte in ihrem spezifischen Feld spektakuläre Erfolge. Der Quantenmechanik verdanken wir beispielsweise die wichtigsten Erkenntnisse in der Kernphysik. Die Quantenmechanik hat uns die Geheimnisse des Atoms enthüllt, hat die Kraft der Wasserstoffbombe befreit und ist imstande, die Arbeitsweise vom Transistor bis hin zu

Laserstrahlen zu erklären. Es ist eine so leistungsfähige Theorie, daß man mit ihr, vorausgesetzt es stünde genügend Zeit zur Verfügung, sämtliche Eigenschaften der chemischen Elemente per Computer berechnen könnte, ohne jemals ein Labor zu betreten. Und trotz aller ihrer unbestrittenen Errungenschaften in der Welt der Atome ist sie beim Versuch, die Gesetze der Schwerkraft zu beschreiben, völlig unbrauchbar.

Die Allgemeine Relativitätstheorie wiederum erzielte brillante Erfolge in ihrer Domäne, dem kosmischen Bereich der Galaxien. Ihr verdanken wir zum Beispiel die Voraussage der »Schwarzen Löcher«, die vermutlich beim Kollaps massereicher sterbender Sterne entstehen. Auf die Allgemeine Relativitätstheorie gründet sich auch die Theorie des Urknalls; sie besagt, daß das Universum mit dem Urknall, dem »Big Bang« begann, in dessen weiterer Folge die Galaxien mit ungeheuren Geschwindigkeiten in einem sich ausdehnenden Weltall auseinanderstreben. Aber die Allgemeine Relativitätstheorie kann das Verhalten der Atome und Moleküle nicht erklären.

Es standen sich also zwei ganz unterschiedliche physikalische Theorien gegenüber, jede mit ihrer eigenen Mathematik, jede auch mit der Fähigkeit, in ihrer eigenen Domäne Voraussagen von erstaunlicher Genauigkeit zu treffen; aber schließlich auch zutiefst unterschiedlich und unvereinbar miteinander.

Es ist, als habe die Natur ein Wesen mit zwei völlig ungleichen Händen erschaffen, die nicht nur unterschiedlich aussehen, sondern auch ganz unterschiedlich und unabhängig voneinander funktionieren. Für Physiker, die an einen einfachen und überschaubaren Aufbau der Natur glaubten, war es unbegreiflich, daß sie sich derart bizarr verhalten könne.

An diesem Punkt kamen die Superstrings ins Bild.

Viele Physiker hoffen heute, daß die Superstring-Theorie, die ja auf Vereinheitlichung beruht, imstande ist, das Problem mit einem einzigen Schlag zu lösen und beide Theorien miteinander zu verbinden. Beide Hälften – die Quantenmechanik und die Relativitätstheorie – sind die Voraussetzung für den Erfolg des Superstring-Modells. Damit liefern die Superstrings den ersten und bisher einzigen mathematischen Rahmen, innerhalb dessen eine Quantentheorie der Schwerkraft einen Sinn ergibt.

Es ist, als ob Wissenschaftler fünfzig Jahre lang versucht hätten, die Teile eines kosmischen Puzzles zusammenzusetzen, und nun auf einmal das fehlende Teil, den Superstring, entdeckten.

Phantastischer als Science-fiction

Im allgemeinen sind Wissenschaftler eine relativ konservative Zunft. Neue Theorien werden meist nur langsam akzeptiert und zwar um so schwerer, je seltsamer ihre Aussagen sind.

Die Voraussagen der Superstring-Theorie sind zweifellos die seltsamsten und extravagantesten, die je von einer Theorie getroffen wurden. Jede Theorie, der es gelingt, die Essenz so umfassender physikalischer Erkenntnisse in einer einzigen Gleichung zu integrieren, hat weitreichende physikalische Konsequenzen, und die neue Theorie ist keine Ausnahme.

(1958 nahm Niels Bohr an einer Diskussion teil, die von Wolfgang Pauli geleitet wurde. Gegen Ende der vom Publikum negativ aufgenommenen Debatte meinte Bohr: »Wir sind uns alle darin einig, daß Ihre Theorie verrückt ist. Was uns trennt ist lediglich die Frage, ob sie verrückt genug ist.« Die Superstring-Theorie mit ihren bizarren Voraussagen ist in jedem Fall »verrückt genug«.)

Wir werden auf die Voraussagen der Superstring-Theorie in den späteren Kapiteln zurückkommen; nachfolgend versuchen wir in einem kurzen Überblick, den Lesern eine Ahnung davon zu vermitteln, warum die reale Physik durch die Superstrings plötzlich phantastischer ist als Science-fiction.

Multidimensionale Universen

Einsteins allgemeine Relativitätstheorie, 1915 formuliert, lieferte in den zwanziger Jahren die bis dahin einleuchtendste Erklärung für den Beginn unseres Universums. Einstein zufolge wurde das Universum vor ungefähr 10 bis 20 Milliarden Jahren in einer gigantischen Explosion, dem Urknall, geboren. Ursprünglich bestand das gesamte Universum nur aus einem winzigen superdichten Ball, der in einer gewaltigen Explosion zerbarst und aus dem im Laufe von Milliarden Jahren das heutige, sich ausdehnende Universum mit all seinen Galaxien, Sternen und Planeten entstand. Einsteins Theorie erklärt so auf einleuchtende Weise die Beobachtung, daß alle entfernten Galaxien sich gegenwärtig (getrieben durch die Kraft des Urknalls) von der Erde fortbewegen.

Doch Einsteins Theorie hat viele Lücken. Warum explodierte das Universum? Was geschah vor dem Urknall? Theologen ebenso wie Wissenschaftler sind mittlerweile von der Unvollständigkeit der Urknalltheorie überzeugt, da sie weder das Entstehen des Urknalls noch den Urknall selbst erklären kann.

Die Superstring-Theorie jedoch – so unglaublich es auch erscheinen mag – beschreibt, was *vor* dem Urknall passierte.

Im Gegensatz zur heutigen Sichtweise, nach der wir in einer vierdimensionalen Welt (drei Raum- und eine Zeitdimension) leben, hatte das Universum, der Superstring-Theorie zufolge, ursprünglich zehn Dimensionen. Von diesen zehn spalteten sich jedoch sechs ab, die sich zu einer gesonderten, für uns nicht wahrnehmbaren Welt zusammenrollten (»kompaktifiziert« wurden). (Man kann sich dieses Ereignis am Beispiel einer vibrierenden Seifenblase vorstellen: Wenn die Schwingungen eine bestimmte Stärke erreicht haben, verliert die Seifenblase ihre Stabilität und platzt; dabei entstehen zwei oder auch mehr kleinere Seifenblasen. In etwa läßt sich die

Seifenblase in ihrem ursprünglichen, leicht vibrierenden Zustand mit dem zehndimensionalen Universum und eine der danach entstandenen kleineren Seifenblasen mit unserem heutigen Weltall vergleichen).

Wenn die Annahmen dieser Theorie zutreffen, gäbe es tatsächlich ein »Schwesteruniversum«, das mit unserem Universum koexistiert. Es bedeutete weiterhin, daß die ursprüngliche Spaltung des Universums mit einer so ungeheuren Gewalt vonstatten ging, daß sie eine uns heute als Urknall bekannte Explosion erzeugen konnte. Die Superstring-Theorie versteht den Urknall lediglich als Nebenprodukt eines noch weitaus heftigeren Ereignisses: dem Zerbersten des zehndimensionalen Universums in eins mit sechs Dimensionen und eins mit den vier Dimensionen unserer Raumzeit!

Trotzdem steht nicht zu befürchten, daß jemand eines Tages beim Spazierengehen in das andere mehrdimensionale Universum fallen könnte wie in einem Science-fiction-Roman. Die Superstring-Theorie besagt, daß das andere multidimensionale Universum zu einer unvorstellbar winzigen, für Menschen nicht faßbaren Größe zusammengeschrumpft ist (etwa 100 Milliarden Milliarden mal kleiner als ein Atomkern). Die Frage, wie höherdimensionale Räume aussehen, bleibt demnach rein akademisch. Auch interdimensionale Reisen wären danach nur im ursprünglichen Zustand des zehndimensionalen Universums physikalisch möglich gewesen.

Dunkle Materie

Zusätzlich zu multidimensionalen kosmischen Räumen würzen Science-fiction-Autoren ihre Geschichten gerne noch mit einer anderen Zutat, der »dunklen Materie«, einem mysteriösen Stoff voller exotischer Eigenschaften, und anders als alles, was bisher im Weltraum gefunden wurde.

Die Existenz von dunkler Materie wurde bereits früher postuliert. Doch wann immer Wissenschaftler mit ihren Teleskopen den Himmel absuchten, fanden sie nur die ungefähr hundert bekannten chemischen Elemente, die auch auf der Erde vorkommen. Selbst Sterne an der äußersten Grenze des Weltalls bestehen aus ganz gewöhnlichen Elementen wie Wasserstoff, Sauerstoff, Kohlenstoff usw. Einerseits war es zwar beruhigend zu wissen, daß, egal wohin eine kosmische Reise uns auch führen würde, unsere Raumfähren doch immer nur auf dieselben chemischen Elemente träfen, die bereits von der Erde her bekannt sind. Andererseits war die Erkenntnis, daß der Weltraum keine größeren Überraschungen zu bieten hat, auch ein wenig enttäuschend.

Die Superstring-Theorie könnte all dies möglicherweise ändern.

Bei der Spaltung eines zehndimensionalen Universums in kleinere Universen entstand wahrscheinlich eine neue Art von Materie. Diese Materie besitzt zwar auch Masse, doch ist sie vollkommen unsichtbar (daher der Name »dunkle Materie«). Selbst mit den empfindlichsten Meßgeräten läßt sich ihre Existenz nicht nachweisen. Hielte man sie in der Hand, würde man zwar ihr Gewicht spüren, sie aber weder sehen noch auf andere Weise wahrnehmen können. Allein ihr Gewicht (als Schwerkraftwirkung ihrer Masse) ist ein Hinweis auf ihre Existenz; sie tritt in keinerlei Beziehung zu anderer Materie.

Die dunkle Materie hilft auch, ein Rätsel zu entschlüsseln, das uns die Kosmologie aufgibt. Bei ausreichend vorhandener Masse im Universum müßte die anziehende Wirkung der Gravitation die Ausdehnung des Universums verlangsamen und irgendwann einmal sogar umkehren, so daß das Universum sich wieder zusammenziehen und schließlich kollabieren würde. Nun gibt es widersprüchliche Daten darüber, ob die im Kosmos vorhandene Masse für diesen Prozeß ausreicht. Beim Versuch, die Gesamtmasse im sichtbaren Universum zu berechnen, kamen einige Astronomen zu dem Ergebnis, daß die Materie der Sterne und Galaxien nicht ausreicht, um zu einem Zusammensturz des Universums zu führen. Andere Daten wiederum (die z. B. auf der Messung der Rotationsgeschwindigkeit von Galaxien beruhen) deuten an, daß die Gesamtmasse des Universums größer sein muß als die sichtbare, und daß mit dieser »fehlenden Masse«, wie das Phänomen genannt wird, ein späterer Kollaps durchaus möglich sein könnte.

Wenn das Superstring-Modell richtig ist, könnte die dunkle Materie erklären, warum Astronomen diese Materieformen mit ihren Instrumenten und Teleskopen nicht aufspüren können. Der Superstring-Theorie zufolge könnte das gesamte Universum von dunkler Materie durchdrungen sein (vielleicht würde diese sogar überwiegen). Die Superstring-Theorie könnte dann nicht nur beschreiben, was vor dem Urknall passierte, sondern auch Voraussagen darüber treffen, was geschehen wird, wenn unser Universum stirbt.

Die Superskeptiker

Eine Theorie, die Behauptungen dieser Größenordnung erhebt – Punktpartikel gegen Strings austauscht und das vierdimensionale Universum gegen ein zehndimensionales –, fordert natürlich Skepsis geradezu heraus. Zwar eröffnet die Superstring-Theorie neue mathematische Spielräume, die sogar Mathematiker verblüffen und viele Physiker rund um den Globus begeistern, doch es kann Jahre, wenn nicht Jahrzehnte dauern, bis die technische Entwicklung so weit fortgeschritten ist, daß sich die Aussagen der Theorie experimentell verifizieren lassen. In der Zwischenzeit und ohne unwiderlegbare experimentelle Nachweise wird es weiterhin Skeptiker geben, die der Superstring-Theorie, all ihrer Harmonie, Eleganz und Einzigartigkeit zum Trotz, mißtrauen.

»Nach jahrelanger intensiver Arbeit von Dutzenden der besten und hellsten Köpfe«, so klagte der Harvard-Physiker Sheldon Glashow, »gibt es noch immer keine einzige verifizierbare Aussage, noch ist eine solche zu erwarten.«[4] Der holländische Physiker Gerard 't Hooft ging auf einer Rede vor dem Argonne National Laboratory bei Chicago so weit, den Wirbel um die Superstrings mit »amerikanischen Fernseh-Werbespots«[5] zu vergleichen – d. h. alles Reklame und nur sehr wenig Substanz. Und der am Institute for Advanced Studies in Princeton arbeitende Physiker Freeman Dyson gab unter Bezug auf die Suche nach einer mathematischen, alle vier Urkräfte vereinigenden Theorie zu bedenken, daß »der Boden der Physik bereits mit den Leichen vereinheitlichter Theorien übersät ist«.[6]

Die Superstring-Verfechter hingegen beeilen sich darauf hinzuweisen, daß es, selbst wenn der entscheidende Nachweis für die Stimmigkeit ihrer Theorie noch Jahre auf sich warten läßt, bisher auch keinen experimentellen Befund gibt, der das Superstring-Modell widerlegt. Keine andere Theorie kann das für sich beanspruchen.

Tatsächlich ist die Superstring-Theorie derzeit ohne Konkurrenz: Auf keinem anderen Weg gelang es bisher, die Quantenmechanik und die Relativitätstheorie miteinander zu verbinden. Die Skepsis mancher Physiker bei der Suche nach einem einheitlichen theoretischen Modell rührt daher, daß so viele Versuche in der Vergangenheit fehlgeschlagen sind; Der Grund dieses Versagens lag jedoch immer in dem Unvermögen, die Gravitation mit der Quantenmechanik zu vereinigen. Und genau das scheint die Superstring-Theorie zu leisten; sie leidet nicht an der Krankheit, an der ihre Vorgänger zugrunde gingen. Und deshalb ist sie heute wohl der aussichtsreichste Kandidat für die echte Vereinigung aller Kräfte.

Der SSC – die größte wissenschaftliche Apparatur der Geschichte

Die Revolution in der Physik – eine einheitliche Beschreibung der elektromagnetischen, der schwachen, der starken und möglicherweise auch der Gravitations-Wechselwirkung – hat natürlich auch Bestrebungen in Gang gesetzt, so leistungsfähige Apparate zu entwickeln, daß sie einzelne Aspekte dieser Theorien – die Gegenstand weltweiten Interesses sind – überprüfen können. Vor einigen Jahren wurden in den USA Pläne für den Bau eines gigantischen Teilchenbeschleunigers gemacht, der tief in die Struktur der Atomkerne »hineinschauen« sollte. Dieser »Supraleitende Supercollider« (abgekürzt SSC, für »Superconducting Super-Collider«) wäre – wenn er gebaut würde – die größte wissenschaftliche Apparatur, die es je gegeben hat. Sein Hauptring sollte einen Durchmesser von fast 100 km haben. Bei der allgemeinen Geldverknappung ist es jedoch fraglich geworden, ob der Bau – der zunächst auf etwa 6 Milliarden Dollar veranschlagt wurde – überhaupt in absehbarer Zeit realisiert werden kann.

Doch auch der SSC, der für die experimentelle Hochenergiephysik wahrscheinlich bis ins nächste Jahrhundert von vorrangiger Bedeutung wäre, würde unter Umständen nicht groß genug sein, um alle Konsequenzen der GUT, die die starke Kraft mit der elektroschwachen Kraft verbindet, oder der noch ehrgeizigeren Superstring-Theorie, die alle bekannten Kräfte vereinigt, zu testen. Dazu wären noch weitaus leistungsstärkere Apparaturen erforderlich. Schier unvorstellbare Energiemengen müßten zur Verfügung stehen, um die Bedingungen beim Urknall wiederherzustellen. So wird die experimentelle Verifizierung wahrscheinlich eher aus dem Gebiet der Kosmologie kommen (dem Studium des Ursprungs des Universums), denn die Energieskala, bei der diese Vorgänge ablaufen, findet man nur beim Beginn der

Zeit. So gesehen ist es durchaus möglich, daß mit dem Rätsel der vereinheitlichten Theorie auch das Rätsel des Ursprungs unseres Universums gelöst werden kann.

Doch wir nehmen unsere Geschichte vorweg. Bevor man ein Haus baut, muß ein Fundament gelegt werden. Und auch in der Physik müssen vor der Frage, wie die Superstring-Theorie alle Kräfte zusammenfaßt, zunächst einige grundlegende Themen diskutiert werden, zum Beispiel: Was meinen wir mit Relativität? Was ist Materie? Woher kommt die Idee einer Vereinheitlichung? Diese Fragen stehen im Mittelpunkt der beiden folgenden Kapitel.

2. Die Suche nach Vereinheitlichung

Historisch gesehen hat sich die Naturwissenschaft in Schüben entwickelt. So unterscheiden sich beispielsweise die großartigen Leistungen Isaac Newtons, der – aufbauend auf die schon vorher von Johannes Kepler entdeckten Gesetze der Planetenbahnen – die dynamischen Ursachen dieser Bewegung mit seiner Theorie der Schwerkraft mathematisch formulierte, wesentlich von den Arbeiten Werner Heisenbergs und Erwin Schrödingers, die die Geheimnisse des Atoms anhand der Quantenmechanik entschlüsselten. Die Gesetze und die Mathematik der Quantenmechanik wiederum haben wenig mit der Einsteinschen Relativitätstheorie gemein, die die Raumkrümmung, Schwarze Löcher und den Urknall beschreibt.

Bislang arbeiteten die führenden Wissenschaftler jeweils in ihrer eigenen Domäne und verwendeten unterschiedliche mathematische Systeme und Prinzipien. Durch die neuesten Entwicklungen hin zu einer vereinheitlichten Feldtheorie rückt nun die Möglichkeit näher, die unterschiedlichen Gebiete zusammenzufügen und sie als einheitliches Ganzes und nicht lediglich als Summe ihrer Teile zu betrachten. Obwohl die Suche nach Vereinheitlichung relativ neu ist und der größte Teil der Pionierarbeit erst in den vergangenen zwei Jahrzehnten geleistet wurde, ist es in der Rückschau möglich, viele der großen wissenschaftlichen Entdeckungen unter dem Gesichtspunkt eines zusammenhängenden Konzepts der Vereinigung neu zu interpretieren.

Die Suche nach einer einheitlichen Feldtheorie setzte eine Dynamik in Gang, in deren Folge die Geschichte der Naturwissenschaft allmählich neu geschrieben wird – angefangen mit Isaac Newton, dem Mann, der die moderne Physik begründet hat. Seine Entdeckung der universellen Gesetze der Schwerkraft zählt sicher zu den bedeutendsten naturwissenschaftlichen Errungenschaften in Jahrtausenden der Menschheitsgeschichte.

Vereinigung von Himmel und Erde

Newton wirkte im ausgehenden 17. Jahrhundert, zu einer Zeit, als Klerus und Wissenschaft an zwei sehr unterschiedliche Arten von Gesetzen glaubten: an die des Kosmos und an die auf der Erde, die als unvollkommen galten.

Wer damals nach der Lehre des Copernicus behauptete, die Erde drehe sich um die Sonne, mußte damit rechnen, von der Kirche zum Tode verurteilt zu werden. So mußte Giordano Bruno im Jahre 1600 in Rom auf dem Scheiterhaufen sterben, weil er unter anderem die Vermutung geäußert hatte, daß auch die Sonne lediglich ein Stern sei und es demzufolge »unzählige Sonnen gibt und eine unendliche Anzahl von Erden, die sich um diese Sonnen drehen (...)«.[1] Und Galileo Galilei, der große Astronom und Physiker, wurde drei Jahrzehnte später unter Androhung der Todesstrafe gezwungen, seine ketzerische Behauptung zu widerrufen, die Erde drehe sich um die Sonne. Sein angeblicher Ausruf »Und sie bewegt sich doch« ist allerdings nur eine Legende.

Alles wurde anders, als der dreiundzwanzigjährige Newton während seines Studiums am Trinity College in Cambridge eine längere Zwangspause einlegen mußte, weil die Pest ausgebrochen war und die Universitäten schließen mußten. Er kehrte in seine ländliche Heimat zurück und fand dort die Muße, seinen Gedanken zum freien Fall von Gegenständen zum Erdboden nachzugehen, die ihn schließlich zu seiner genialen Theorie der Schwerkraft führen sollten.

Es waren ketzerische Fragen, die Newton zu seiner Theorie inspirierten, zum Beispiel die, ob auch der Mond falle. Nach der kirchlichen Lehre blieb nämlich der Mond am Himmel, weil er den vollkommenen göttlichen und nicht den irdischen Gesetzen gehorchte, nach denen alle Objekte nach unten fallen. Newtons revolutionäre Erkenntnis dehnte die Gesetze der Schwerkraft auch auf die Himmelskörper aus. Das führte schließlich auf direktem Weg zu der Folgerung, daß der Mond als Satellit der Erde nicht durch imaginäre göttliche Gesetze, sondern durch die Gesetze der Schwerkraft am Himmel blieb.

Vielleicht, so dachte Newton, gelten dieselben Gesetze, die einen Stein zu Boden fallen lassen, auch für den Mond. Dieser stürzt nur deshalb nicht auf die Erde, weil seine Fluggeschwindigkeit dem Fall entgegenwirkt und ihn in eine Kreisbahn um die Erde zwingt. In seinem Hauptwerk, den *Philosophiae naturalis principia mathematica*, formulierte Newton erstmals mathematisch die Gesetzmäßigkeiten, nach denen die Satelliten um die Erde und die Planeten um die Sonne kreisen.

Newton beschrieb seine Vorstellung des fallenden Mondes anhand eines einfachen Bildes: Wenn man von einem hohen Berggipfel aus einen Stein wegschleudert, wird dieser irgendwann wieder auf die Erde fallen. Je schneller die Wurfgeschwindigkeit ist, um so größer ist die Reichweite. Flöge der Stein schnell genug, so argumentierte Newton, würde er um die Erde kreisen, um dann schließlich auf dem Hinterkopf des

Werfenden wieder einzuschlagen. Genau wie dieser die Erde umkreisende Stein ist der Mond einfach ein Satellit, der ständig auf die Erde zu fällt.

Dieses simple Bild nimmt gewissermaßen den Start von künstlichen Satelliten drei Jahrhunderte vorweg. Die heutigen erstaunlichen Errungenschaften der Weltraumforschung, die Mondlandungen und Raumflüge zu allen Planeten (außer Pluto) verliefen nach den Gesetzen, die Newton Ende des 17. Jahrhunderts formulierte.

Rückblickend können wir Newtons Entdeckung der Gravitationsgesetze als die erste »Vereinheitlichung« in der Geschichte der Wissenschaft verstehen, da sie die am Himmel und auf der Erde gültigen Gesetze miteinander verband bzw. als gleich erkannte. Dieselbe Schwerkraft, die unmittelbar zwischen zwei Körpern auf der Erde wirkt, verbindet auch das Geschick der Menschen mit den Sternen. Nach Newton konnten die Bewegungen im gesamten Sonnensystem mit großer Perfektion errechnet werden.

Das Newtonsche Diagramm, das zeigt, wie selbst Felsbrocken ohne jede himmlische Sphäre die Erde umkreisen könnten, demonstriert, daß Newton die Grundprinzipien seiner Theorie bildlich darstellen konnte. Später werden wir sehen, daß alle großen Durchbrüche in der Wissenschaft, insbesondere diejenigen, die die Vereinigung der Kräfte zeigen, graphisch dargestellt werden können. Die Vereinheitlichung läßt sich immer anhand einfacher Bilder darstellen, mag die dazugehörige Mathematik noch so schwierig und abstrakt erscheinen.

Es werde Licht

Der nächste entscheidende Schritt auf dem Weg zur Vereinheitlichung ließ zweihundert Jahre auf sich warten.

Die Synthese von Magnetismus und Elektrizität fiel in das

Jahr 1865. Experimente bewiesen unwiderlegbar, daß ein Magnetfeld sich unter bestimmten Voraussetzungen in ein elektrisches Feld verwandeln kann und umgekehrt.

Jahrhundertelang hatte es als sicher gegolten, daß der Magnetismus – die Kraft, die, ohne je zu irren, die Kompaßnadeln des Navigators auf hoher See bewegt – und die Elektrizität – die Kraft, die den gigantischen Blitz ebenso erzeugt wie den minimalen Stromstoß, den man fühlt, wenn man auf einem Teppich aus synthetischen Fasern läuft und das Metall einer Türklinke berührt – zwei unterschiedliche Kräfte seien. Nun, um die Mitte des 19. Jahrhunderts, stellte sich diese rigide Trennung als Irrtum heraus, denn Wissenschaftler hatten erkannt, daß schwingende elektrische Felder Magnetfelder erzeugen können und umgekehrt.

Die Synthese von Elektrizität und Magnetismus läßt sich sehr einfach anhand eines Stabmagneten demonstrieren, der durch eine Drahtspule geschoben wird. Er läßt im Draht einen schwachen elektrischen Strom fließen: Das sich ändernde Magnetfeld erzeugt ein elektrisches Feld. Läßt man umgekehrt Strom durch eine Drahtspule fließen, wird um die Spule herum ein Magnetfeld erzeugt.

Dem gleichen Prinzip – daß sich ändernde elektrische Felder Magnetfelder produzieren können und umgekehrt – verdanken wir die Stromversorgung. In einem Wasserkraftwerk beispielsweise dreht das über einen Staudamm stürzende Wasser ein Rad, das eine Turbine in Bewegung setzt. Diese Turbine enthält große Drahtspulen, die sich sehr schnell in einem Magnetfeld bewegen und so die Elektrizität erzeugen, die dann per Kabel über Hunderte von Kilometern in unsere Wohnungen geleitet wird. Das wandelt ein sich änderndes Magnetfeld (das durch die Wasserkraft erzeugt wurde) in ein elektrisches Feld um (das uns per Steckdose die Elektrizität ins Haus bringt).

Im Jahr 1860 verstand man von diesen Zusammenhängen noch recht wenig. Dann aber wagte es James Clerk Maxwell, ein noch unbekannter dreißigjähriger Physiker aus Schottland, der an der Universität Cambridge lehrte, das Denken seiner Zeit herauszufordern, indem er behauptete, Elektrizität und Magnetismus seien keine unterschiedlichen Kräfte, sondern vielmehr zwei Seiten ein und derselben Medaille. Tatsächlich war dem jungen Physiker die erstaunlichste Entdeckung des Jahrhunderts gelungen, die das mysteriöseste aller Naturphänomene erklärte: das Licht.

Maxwell wußte, daß elektrische Felder und Magnetfelder als »Kräftefelder« im Raum sichtbar gemacht werden konnten. Diese Kräftefelder lassen sich symbolisch durch ein unendliches Muster von »Pfeilen« darstellen, die von der elektrischen Ladung ausgehen. So reichen zum Beispiel die durch einen Magnet erzeugten Kräftefelder wie ein Spinnengewebe in den Raum und ziehen metallische Gegenstände ihrer Umgebung an sich.

Doch Maxwells Thesen gingen noch weiter; sie besagten, daß elektrische Felder und Magnetfelder in exakter Synchronisation gemeinsam so schwingen können, daß sie eine Welle erzeugen, die sich ohne äußeren Einfluß im Raum fortbewegt.

Man denke sich folgendes Szenario: Ein schwingendes Magnetfeld erzeugt ein elektrisches Feld, durch dessen Schwingungen wiederum ein Magnetfeld entsteht, das seinerseits ein weiteres elektrisches Feld erzeugt usw. Eine solche unendliche Kette schwingender elektrischer und Magnetfelder setzt sich wie eine Welle und ohne äußere Einflußnahme immer weiter fort.

Wie Newtons Gravitationsgesetze läßt sich auch Maxwells Theorie anhand eines einfachen Bildes darstellen. In einer Reihe von Dominosteinen wird der erste Stein umgestoßen und löst dabei eine ganze Kaskade fallender Dominosteine aus. Angenommen, die Dominosteine seien abwechselnd schwarz und weiß. Wenn nun alle schwarzen Dominosteine entfernt werden und nur die weißen stehenbleiben, ist die

Welle unterbrochen und kann nicht weiter fortlaufen. Es ist also erst das Zusammenspiel beider – der weißen und der schwarzen Dominos, von denen jeder das nächste anstößt –, wodurch die Welle fallender Dominos erzeugt wird.

Entsprechend fand Maxwell heraus, daß das Zusammenspiel schwingender elektrischer und Magnetfelder Wellen produziert. Er entdeckte, daß – wie beim Beispiel der Dominosteine – weder elektrische Felder noch Magnetfelder allein imstande sind, diese wellenartige Bewegung zu erzeugen. Erst durch das empfindliche Zusammenspiel beider Felder können die Wellen entstehen.

Den meisten Physikern erschien diese Idee absurd; ihrer Ansicht nach konnten sich Wellen nur fortbewegen, wenn sie durch einen »Äther« weitergeleitet wurden. Doch die Felder waren ja »körperlos« und bewegten sich von selbst ohne die Hilfe eines leitenden Mediums. Maxwell ließ sich jedoch nicht irremachen. Als er an seinen Gleichungen arbeitete, stieß er auf eine Zahl, die die Geschwindigkeit der Wellenbewegung angab. Zu seiner großen Verblüffung stellte er fest, daß es sich bei dieser Zahl um die Lichtgeschwindigkeit handeln müsse.

Maxwell hatte, ohne es zu ahnen, das Geheimnis des Lichts entdeckt! Licht entpuppte sich als eine Kette alternierender

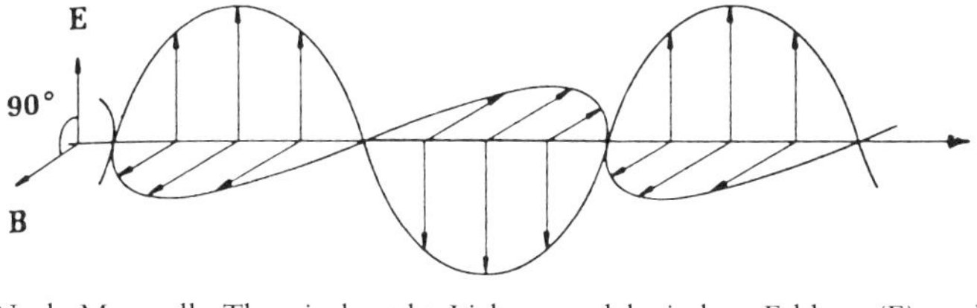

Nach Maxwells Theorie besteht Licht aus elektrischen Feldern (E) und Magnetfeldern (B), die sich in einem gemeinsamen Schwingungszustand befinden. Hier schwingen die elektrischen Felder vertikal, die Magnetfelder horizontal.

elektrischer und magnetischer Felder. Beim Experimentieren mit schwingenden Feldern hatte Maxwell eines der tiefsten Geheimnisse der Natur entschlüsselt.

Diese großartige Entdeckung konnte es an Bedeutung durchaus mit der Entdeckung des universellen Gravitationsgesetzes durch Newton aufnehmen. Beinah zufällig ergaben die Maxwellschen Gleichungen, daß es sich beim Licht um eine elektromagnetische Welle handelt. Damit hatte Maxwell als erster eine einheitliche Feldtheorie ins Leben gerufen.

Leider starb Maxwell kurz nach Veröffentlichung seiner Theorie, und so konnte er die Auswirkungen seiner großartigen Arbeit nicht mehr erleben. Seine Theorien wurden 1889, 10 Jahre nach seinem Tod, von Heinrich Hertz experimentell bestätigt. In einer aufsehenerregenden Demonstration erzeugte Hertz mit einer elektrischen Funkenentladung eine elektromagnetische Welle, deren Existenz noch über eine große Entfernung nachgewiesen werden konnte. In Übereinstimmung mit Maxwells Thesen bewies nun Hertz durch das Experiment, daß die Wellen sich ohne einen Äther selbständig fortpflanzen. Hertz wurde mit diesem Experiment zum Pionier einer rapide wachsenden Industrie – der Radio-Industrie.

Durch Maxwells bahnbrechende Arbeit weiß man seither, daß Licht eine elektromagnetische Kraft darstellt, hervorgerufen durch die Schwingungen elektrischer und Magnetfelder, zwischen denen ein sehr schneller Wechsel stattfindet. Röntgen-, UV-, Infrarot-, Mikrowellen- und Radiostrahlung sind nichts anderes als Formen elektromagnetischer Wellen unterschiedlicher Wellenlänge oder Frequenz. (Wenn man beispielsweise seinen Lieblingssender im Radio bei, sagen wir, 99,5 MHz anschaltet, schwingen die im Radio aufgefangenen elektrischen und Magnetfelder mit einer Frequenz von 99,5 Millionen pro Sekunde.)

Einem scharfsinnigen Physiker hätte allerdings schon damals auffallen müssen, daß die Maxwellschen Gleichungen bizarre Verzerrungen von Raum und Zeit erfordern. Sie beschreiben Raum und Zeit grundlegend anders als Newton, für den der Pulsschlag der Zeit überall im Kosmos einheitlich war. Nach Newtons Gleichungen gehen die Uhren auf dem Mond nicht anders als auf der Erde, ihr Rhythmus wäre im gesamten Universum derselbe. Die Maxwellschen Gleichungen dagegen postulieren, daß sich die Zeit unter bestimmten Umständen auch verlangsamen könne. Es blieb in der Wissenschaft unbemerkt, daß Maxwells Uhren in einem schnell fliegenden Raumschiff langsamer gehen würden als auf der Erde. Das klingt zunächst völlig absurd, denn die Einheitlichkeit des zeitlichen Geschehens ist eines der Grundprinzipien des Newtonschen Systems. Trotzdem sind diese seltsamen Zeitverzerrungen eine wichtige Konsequenz von Maxwells Theorie.

Ein halbes Jahrhundert lang blieben diese Implikationen in der Wissenschaft unbemerkt, bis es im Jahre 1905 einem Physiker gelang, diese Folgerung einer Raum-Zeit-Verschiebung aus den Maxwellschen Gleichungen zu verstehen. Es war Albert Einstein, der die Theorie der speziellen Relativität entwickelte. Sie sollte die Entwicklung moderner Physik entscheidend beeinflussen.

Der arbeitslose Revolutionär

Einstein entwickelte im Lauf seines Lebens viele Ideen, die die bis dahin gültige Betrachtungsweise des Universums drastisch veränderten. Zusammengefaßt lassen sich alle seine Arbeiten in drei große Gruppen einordnen: die Spezielle Relativitätstheorie, die Allgemeine Relativitätstheorie und seine Versuche zu einer Feldtheorie, die seine wissenschaftlichen Erfolge hätte krönen sollen.

Seine erste wegweisende Theorie, die Spezielle Relativitätstheorie, präsentierte er 1905 im Alter von nur sechsundzwanzig Jahren. Für einen Mann, der die Welt der Naturwissenschaft so maßgebend prägen sollte, waren seine Anfänge eher bescheiden. Im Jahr 1900 waren dem zukünftigen weltberühmten Physiker weder Glück noch eine feste Anstellung beschieden: Seine Bewerbungen an mehreren Universitäten wurden abgewiesen. Nach Beendigung seines Studiums an der Eidgenössischen Technischen Hochschule in Zürich hielt er sich zunächst mit Privatunterricht und Nachhilfestunden über Wasser. Besorgt wegen der Depressionen seines Sohnes, schrieb sein Vater einmal: »Die Arbeitslosigkeit macht meinen Sohn zutiefst unglücklich. Tag für Tag wächst in ihm das Gefühl, daß er beruflich auf dem falschen Gleis ist [...] das Bewußtsein, er könne für uns, die wir nur geringe finanzielle Mittel haben, eine Bürde sein, lastet schwer auf ihm.«[2]

Durch Empfehlung eines Freundes fand er 1902 eine anspruchslose Tätigkeit als Beamter beim Eidgenössischen Patentamt von Bern. Einstein war zwar für diese Arbeit weit überqualifiziert, rückblickend leistete sie seinen Zielen jedoch erstaunlich gute Dienste.

Zunächst gab sie ihm reichlich Zeit, um an einer neuen Theorie von Raum und Zeit, die ihn gerade beschäftigte, zu arbeiten. Das Patentbüro war ein Refugium, wo es sich gut über die großen Fragen des Universums nachdenken ließ. Außerdem war es Bestandteil seiner Arbeit, den Nutzen neuer Patente aus den oft vagen Formulierungen ihrer Erfinder zu abstrahieren, und so lernte er, ähnlich wie Newton und Maxwell vor ihm, in physikalischen Bildern zu denken und sich auf die Kernpunkte zu konzentrieren, aus denen sich eine Theorie letztendlich herausschält.

Hier, im Patentbüro, kam Einstein auf die Frage zurück, die ihn schon als Kind beschäftigt hatte: Wie sähe wohl ein Lichtstrahl aus, wenn man mit Lichtgeschwindigkeit neben ihm herjagen könnte? Eigentlich sollte man annehmen, daß die Lichtwelle in der Zeit einfrieren würde und demnach die elektrischen und Magnetfelder im Ruhezustand erschienen.

Doch als Einstein die Maxwellschen Gleichungen besser verstehen lernte, stellte er zu seiner Überraschung fest, daß Wellen sich niemals im Ruhezustand befinden, da es keine stationären Lösungen der Maxwellschen Gleichungen gibt. Das Licht bewegt sich vielmehr ständig mit derselben Geschwindigkeit, unabhängig davon, wie sehr man versucht, es einzuholen. Selbst wenn jemand sich mit immenser Schnelligkeit fortbewegte, würde ein Lichtstrahl dennoch mit immer derselben Geschwindigkeit vorangehen.

Zunächst erscheint das trügerisch einfach. Nach den Maxwellschen Gleichungen würde ein Wissenschaftler, der die Geschwindigkeit eines Lichtstrahls von einem festen Standpunkt der Erde aus mißt, zum selben Ergebnis kommen wie sein Kollege, der während des Messens mit einer Raumfähre durch den Weltraum jagt. Vielleicht war auch Maxwell die Problematik klar, als er seine Theorie 1860 niederschrieb. Doch erst Einstein erfaßte die einzigartige Bedeutung dieser Tatsache. Nur er erkannte, daß wir unsere Wahrnehmung von Raum und Zeit ändern müssen.

Im Jahre 1905 schließlich gelang es Einstein, das Rätsel, das sich hinter Maxwells Theorie des Lichts verbarg, zu lösen; die Betrachtungsweise von Raum und Zeit, wie sie über die Jahrtausende bestanden hatte, wurde damit umgestürzt.

Nehmen wir an, das Licht bewege sich mit 101 Stundenkilometern. In diesem Fall könnte ein Zug bei einer Geschwindigkeit von 100 km/std praktisch Seite an Seite neben dem Lichtstrahl herfahren, und der im Zug sitzende Wissenschaftler würde als Differenz der Geschwindigkeiten eine Relativgeschwindigkeit von 1 km/std (101 km/std minus 100 km/std) messen – Zeit genug, um in aller Ruhe und im Detail die Struktur des Lichts zu erforschen.

Entsprechend den Maxwellschen Gleichungen mißt dieser

Wissenschaftler jedoch eine Geschwindigkeit von 101 km/std relativ zu seiner eigenen Bewegung.

Wie ist das möglich? Wie kann ein so falscher Eindruck entstehen? Einsteins Lösung für dieses Problem erschien abstrus, war aber korrekt. Seiner Vorstellung nach ging die Uhr im Zug langsamer, und gleichzeitig verkürzte sich die Länge aller Gegenstände einschließlich der Meßinstrumente.

Das Gehirn des zugfahrenden Wissenschaftlers arbeitet vergleichsweise langsamer als das eines Kollegen, der sich an einem festen Standort außerhalb des Zugs befindet. Von dort aus gesehen, müßte der Wissenschaftler im Zug den Lichtstrahl mit 1 km/std messen, tatsächlich mißt er jedoch 101 km/std, weil seine Gehirntätigkeit (wie alles andere im Zug) sich verlangsamt hat.

Die Konsequenz dieser Relativität – daß bei sich bewegenden Körpern die Zeit sich verlangsamt und Gegenstände sich verkürzen – widerspricht scheinbar dem gesunden Menschenverstand, allerdings lediglich aufgrund der Tatsache, daß die Geschwindigkeit, mit der das Licht sich bewegt, für Menschen – deren Rhythmus in ganz anderen Zeitskalen abläuft – unvorstellbar hoch ist. Intuitiv wurde deshalb stets angenommen, die Lichtgeschwindigkeit sei unendlich. Die Geschwindigkeit des Lichts, das in etwa einer Sekunde siebenmal die Erde umkreist, ist jenseits unseres Vorstellungsvermögens.

Doch in einer Welt, in der die Lichtgeschwindigkeit lediglich 5 km pro Stunde betrüge, die Durchschnittsgeschwindigkeit eines Spaziergängers, wäre das anders. Es würde uns durchaus ›normal‹ erscheinen, wenn Raum und Zeit starken Verzerrungen unterlägen. Dann würden Autofahrer freiwillig langsam fahren, denn ein Auto, das schneller als 5 km pro Stunde führe, würde wie ein Pfannkuchen plattgedrückt. (Durch einen kuriosen Effekt würde es jedoch nicht plattgedrückt, sondern in sich verdreht aussehen). Die ebenfalls plattgedrückten Menschen in diesen Autos würden fast völlig bewegungslos und wie erstarrt aussehen (weil die Zeit sich verlangsamt, während das Auto schneller wird). Wenn das Auto dann die Geschwindigkeit wieder verlangsamt, würde es sich für einen Beobachter allmählich wieder zu seiner ursprünglichen Größe aufrichten und die Insassen sich »normal« bewegen.

Als Einstein seine revolutionäre Theorie im Jahr 1905 veröffentlichte, wurde sie weitgehend ignoriert. In der Hoffnung auf einen Lehrstuhl hatte Einstein seine Thesen an der Berner Universität eingereicht, doch dort wurde seine Arbeit nicht akzeptiert. Für den traditionellen Newtonschen Physiker, der gelernt hatte, Raum und Zeit als etwas Absolutes zu begreifen, war Einsteins Werk die vielleicht extremste Antwort auf die Widersprüchlichkeiten in den Maxwellschen Gleichungen. (Erst Jahre danach, als die Richtigkeit von Einsteins Theorie experimentell bestätigt wurde, realisierte die Wissenschaftsgemeinde ihre Genialität.)

Jahrzehnte später würdigte Einstein die Bedeutung von Maxwells Theorie für die Entwicklung der Speziellen Relativitätstheorie, indem er kurz und bündig feststellte: »Die Spezielle Relativitätstheorie hat ihren Ursprung in den Maxwellschen Gleichungen der elektromagnetischen Felder.«[3]

Rückblickend wird deutlich, daß Einstein Maxwells Theorie weiterentwickelt hat wie kein anderer, denn er hatte das Prinzip der Vereinheitlichung verstanden und wußte, daß es eine zugrundeliegende »vereinigende Symmetrie«* gibt, die scheinbar Unähnliches wie Raum und Zeit miteinander verknüpft (ebenso wie Materie und Energie). So wie Newtons epochemachende Entdeckung, daß himmlischen und irdischen Objekten dasselbe Gesetz der Schwerkraft zugrunde

* In der Physik ist der Begriff »Symmetrie« genau definiert: Eine Gleichung hat dann Symmetrie, wenn sie bei Verschiebung oder Drehung ihrer Komponenten unverändert bleibt. Die Symmetrie ist für die Entwicklung einer einheitlichen Feldtheorie von allergrößter Bedeutung. Wir gehen im Kapitel 6 näher auf dieses Thema ein.

liegt, oder wie Maxwells Entdeckung der Synthese von Elektrizität und Magnetismus, bestand Einsteins Beitrag zur Vereinheitlichung in der Verknüpfung von Raum und Zeit.

Mit seiner Theorie demonstrierte er, daß Raum und Zeit Manifestationen ein und derselben Entität sind, der »Raumzeit«. Doch seine Theorie vereinigte nicht nur Raum und Zeit, sondern verband auch Materie und Energie miteinander.

Auf den ersten Blick scheint es keine größeren Gegensätze zu geben als einen häßlichen, offensichtlich nutzlosen Gesteinsbrocken und einen hell glänzenden Lichtschein. Beide Erscheinungen können jedoch täuschen. Und Einstein war der erste, der nachwies, daß unter bestimmten Bedingungen ein Gesteinsbrocken (Uran) sich in Licht (bei einer nuklearen Detonation) verwandeln kann, wenn Atome gespalten und damit die ungeheure innerhalb des Atomkerns gespeicherte Energie freigesetzt wird. Einstein hatte das Wesen der Relativität erkannt: Materie kann sich in Energie und Energie sich in Materie verwandeln.

Raumkrümmung

Obwohl seine Theorie große Zustimmung fand, war Einstein selbst nicht zufrieden damit. Er hielt sie noch immer für unvollständig, zumal sie keinerlei Hinweise auf die Schwerkraft enthielt. Es war offensichtlich, daß Newtons Theorie der Gravitation mit den Grundaussagen der Speziellen Relativitätstheorie nicht in Einklang zu bringen war.

Man stelle sich zum besseren Verständnis vor, was passieren würde, wenn die Sonne plötzlich verschwände. Wie lange würde es dauern, bis die Erde aus ihrer Umlaufbahn geworfen würde? Nach Newtons Gravitationsgesetzen würde die Erde im selben Moment das Sonnensystem verlassen und im tiefsten Weltraum verschwinden.

Für Einstein war diese Schlußfolgerung inakzeptabel. Nichts, auch nicht die Schwerkraft, konnte sich nach seiner Theorie schneller als das Licht ausbreiten. Das hieße aber, daß die Erde frühestens nach 8 Minuten (der Zeit, die das Licht braucht, um bis zur Erde zu gelangen) nach Verschwinden der Sonne aus ihrer Bahn geworfen würde.

Damit wurde aber auch eine neue Theorie der Schwerkraft erforderlich. Newtons Modell mußte hier falsch sein, denn es ließ die Lichtgeschwindigkeit, die höchste Geschwindigkeit des Universums, außer acht.

Einstein fand eine Lösung für dieses Problem: 1915 stellte er seine Theorie der allgemeinen Relativität vor, mit der er die Gravitation als die Verbindung zwischen Raum-Zeit und Materie-Energie beschreibt. Wieder einmal, trotz der komplexen mathematischen Gleichungen, läßt sich seine These an einer simplen bildlichen Darstellung demonstrieren:

In der Mitte eines Trampolins möge ein schwerer Ball aufprallen. Naturgemäß wird dieser aufgrund seines Gewichts das Gummituch eindrücken. Man stelle sich nun eine kleine Glasmurmel vor, die an der Oberfläche des konkaven Tuchs entlangrollt. Statt weiter geradeaus wird sie in einer kreisförmigen Bahn in der durch den Ball verursachten Vertiefung zirkulieren.

Newton zufolge ist eine unsichtbare »Kraft« denkbar, die zwischen Ball und Murmel wirkt. Doch Einsteins Interpretation ist viel einfacher, nämlich, daß die Murmel sich kreisförmig bewegt, weil die Oberfläche des Netzes durch den Ball nach innen gewölbt, »gekrümmt« ist.

Denken wir uns nun den Ball durch die Sonne, die Murmel durch die Erde und das Trampolinnetz durch die Raumzeit ersetzt, dann wird plötzlich klar, daß die Schwerkraft gar keine Kraft ist, sondern die gekrümmte (trichterförmige) Raumzeit, die durch die Anwesenheit von Materie-Energie (hier der Sonne) verursacht wird.

Würde der Ball plötzlich vom Trampolinnetz entfernt,

würden die dadurch entstehenden Schwingungen wellenartig entlang der Oberfläche des Netzes verlaufen. Einen Sekundenbruchteil später würde die Schwingung die Murmel erreichen und ihren Lauf ändern. Damit haben wir die Lösung für das Problem, was beim Verschwinden der Sonne mit der Erde geschähe. Die Schwingungen der Schwerkraft, die sich mit Lichtgeschwindigkeit fortsetzen, würden acht Minuten nach Verschwinden der Sonne die Erde erreichen. Damit ist die Gravitation mit den Gesetzen der Relativitätstheorie kompatibel.

Wieder einmal wurde Einsteins neue Theorie der Schwerkraft von vielen Physikern sehr skeptisch aufgenommen. Diejenigen, denen bereits Einsteins These, wonach wir in einem vierdimensionalen Raum-Zeit-Kontinuum leben, unheimlich war, bekamen nun durch die noch viel unglaublichere Geschichte, daß dieses Kontinuum durch die Materie-Energie gekrümmt wird, geradezu Schwindelanfälle.

Am 29. Mai 1919 wurde Einsteins Theorie der allgemeinen Relativität in Brasilien und Afrika während einer totalen Sonnenfinsternis einem aufregenden Test unterzogen. Einsteins These besagte, daß der Weg eines Lichtstrahls (wie auch von Materie) abgelenkt wird, wenn er die Sonne passiert (siehe Abbildung), daß also die gewaltige Masse-Energie der Sonne die Raum-Zeit krümmt. Nun bewies die Beobachtung einer Ablenkung des Sternenlichts in Sonnennähe die Richtigkeit dieser Vorstellung.

Die Ablenkung der Bahnen des Sternenlichts wurde gemessen, indem man die nächtliche Position der Sterne mit ihrer Stellung bei Tage verglich, als sie während der kurzen Totalitätsphase der Sonnenfinsternis sichtbar wurden. Dieses Experiment, das die Ablenkung des Sternenlichts bei Tage maß und damit die Theorie der allgemeinen Relativität verifizierte, machte weltweit Schlagzeilen.

Einstein selbst war sich seiner Sache so sicher, daß ihn das Ergebnis des Sonnenfinsternis-Experiments nicht weiter

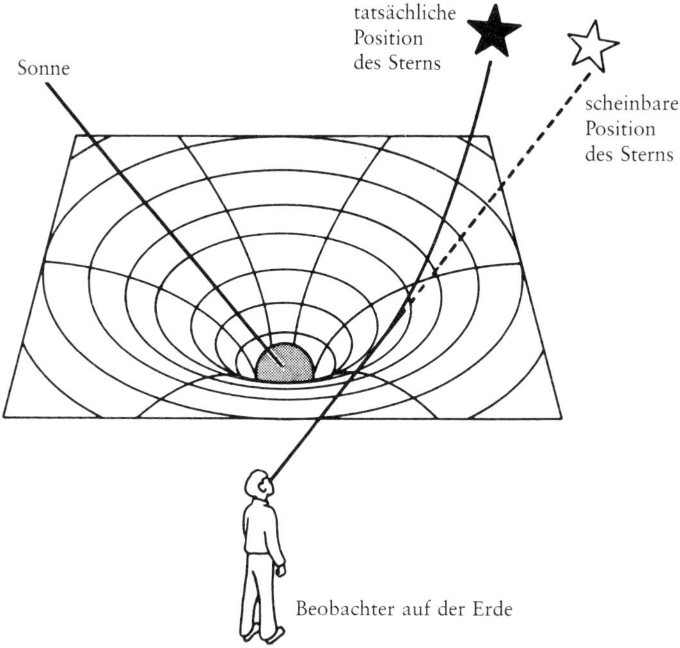

Einstein zufolge krümmt die Schwerkraft den Weg des Sternenlichts, weil das Schwerefeld der Sonne die Raumzeit in ihrer Nähe verzerrt. In diesem Bild stellt der schwarze Stern die tatsächliche Position des beobachteten Fixsterns dar, der weiße Stern zeigt seine scheinbare Position aus der Sicht der Erde.

überraschte. Als er im selben Jahr von einem Studenten gefragt wurde, was er gesagt hätte, wenn das Experiment schiefgelaufen wäre, antwortete er: Es hätte mir für den lieben Gott leidgetan, denn meine Theorie stimmte auf jeden Fall.[4]

(Einstein hatte seine Theorie auf so radikale physikalische Prinzipien und klare Symmetrien gegründet, daß er, im sicheren Glauben, dafür den Nobelpreis zu erhalten, seiner damaligen Frau im Rahmen der Scheidungsvereinbarung das Geld aus diesem Preis zu zahlen versprach. Als er im Jahr 1921 schließlich den Nobelpreis bekam, war die zuständige Jury sich – trotz aller wissenschaftlichen Daten, die für die Allgemeine Relativitätstheorie sprachen – so uneins, daß sie Einstein den Nobelpreis nicht dafür, sondern für seine Theorie des photoelektrischen Effekts zusprach.)

Heute muß kein Lichtstrahl mehr die Sonne passieren, damit die gravitationsbedingte Ablenkung des Lichts nachgewiesen werden kann; solche Messungen können heute in Laboratorien vorgenommen werden. Der Harvard-Professor Robert Pound und seine Kollegen zeigten in zwei Versuchen im Jahr 1959 und 1965, daß sich durch die Gravitation die Wellenlänge von Gammastrahlen (einer extrem kurzwelligen elektromagnetischen Strahlung) ändert, wenn sie eine Entfernung von etwa 25 Metern vom Dach eines Gebäudes bis zum Erdboden zurücklegen. Die Differenz war zwar verschwindend klein – ein Billionstel Prozent – aber dennoch genau der Betrag, den Einstein vorausgesagt hatte.

Im Lauf der Zeit wurde es zwar immer beliebter, Einsteins Erfolg seinem »Genie« zuzuschreiben, doch rückblickend läßt sich seine Theorie der allgemeinen Relativität im Kontext einer Vereinheitlichung betrachten. Wie schon bei Newton und Maxwell war es Einsteins Absicht, die zugrundeliegenden physikalischen Prinzipien zu erforschen, die zwei ganz unähnliche Konzepte zu einer kosmischen Einheit verbinden.

Vom Revolutionär zum Fossil

Angespornt durch die Erfolge, die er in so jungen Jahren mit seinen Theorien von Raumzeit und Schwerkraft erzielt hatte, setzte Einstein zu einem noch gewagteren Spiel an: Der Suche nach einer vereinheitlichten Feldtheorie, die seine geometrische Theorie der Schwerkraft mit Maxwells Lichttheorie verbinden sollte. Paradoxerweise ist kaum bekannt, daß Einstein – der weltweit als Physiker vom Range Newtons anerkannt wird, weil er es gewagt hatte, in die tiefsten Geheimnisse des Universums einzudringen – die letzten dreißig Jahre seines Lebens mit der einsamen, frustrierenden und schließlich vergeblichen Suche nach einer vereinheitlichten Theorie verbrachte. Zwischen 1940 und 1950 gab es viele Physiker, die behaupteten, Einstein habe seine beste Zeit hinter sich. Er sei isoliert, ohne Kontakt zur Außenwelt und uninteressiert an den neueren Entwicklungen in der Atomphysik, nämlich der Quantentheorie. Einige gingen so weit, ihn für senil zu halten, für einen Verrückten auf der grotesken Jagd nach dem Heiligen Gral. Selbst Robert Oppenheimer, Direktor des Institute for Advanced Studies, an dem Einstein arbeitete, sagte bei verschiedenen Anlässen im Kreis seiner Kollegen, daß Einsteins Suche vergeblich sei.

Einstein selbst räumte ein: »Im allgemeinen hält man mich für eine Art Fossil, das mit der Zeit blind und taub geworden ist.«[5] Die letzten Jahre seines Lebens verbrachte er in fast völliger Isolation ohne nennenswerte Kontakte zu seinen Physikerkollegen, da er vollständig von der Suche nach einer einheitlichen Feldtheorie absorbiert war und sich weniger um die neuen Entwicklungen in der Atomphysik und der Quantentheorie kümmerte. »Ich komme der Welt wahrscheinlich wie ein Vogel Strauß vor, der für immer seinen Kopf im Sand der Relativität versteckt, um nicht die bösen Quanten sehen zu müssen«[6], sagte er einmal im Jahr 1954, ein Jahr vor seinem Tode.

Wie sehr ihn einige seiner Kollegen, die er für engstirnig und kurzsichtig hielt, frustrierten, zeigte sich, als er einmal schrieb: »Ich habe wenig Geduld mit Wissenschaftlern, die ein Holzbrett nehmen, nach dem dünnsten Teil suchen und dann da, wo es am leichtesten geht, eine Menge Löcher bohren.« Zu seiner Sekretärin sagte er, die Physiker wüßten seine großen Anstrengungen in 100 Jahren sicher besser zu würdigen als die gegenwärtige Physikergeneration. (Nicht daß ihn die Einsamkeit allzu sehr störte: »Was einen Mann wie mich ausmacht, ist, was er denkt und wie er denkt, nicht was er tut oder erleidet«.)[7]

Statt sich um eine Theorie zu bemühen, die das Licht mit der Schwerkraft vereinigen könnte (was die Mehrheit der Physiker für verfrüht oder gar unmöglich hielt), steuerte die Wissenschaft unterdessen in eine völlig neue Richtung: Es war die Geburt der Atom- und Kernphysik.

Noch niemals zuvor in der Geschichte hatte sich ein neuer Wissenschaftszweig durch ein so folgenschweres Ereignis angekündigt: die Detonation der ersten Atombombe. Plötzlich änderte sich durch die verborgene Arbeit einiger weniger Physiker, die ihre Gedanken vorher unauffällig zu Papier gebracht hatten, der Lauf der Menschheitsgeschichte. Ihre nur von einer Handvoll – an Instituten wie den Los Alamos-Laboratorien arbeitenden – Menschen verstandenen Gleichungen standen auf einmal im Zentrum der Weltgeschichte.

Nicht die Relativitäts- oder die einheitliche Feldtheorie beschäftigte die Physiker in den dreißiger, vierziger und fünfziger Jahren, sondern die welterschütternden Entwicklungen in der Quantentheorie. Fast alle Kollegen Einsteins, zum Beispiel Niels Bohr in Kopenhagen oder Werner Heisenberg in Deutschland, waren bemüht, eine mathematische Sprache zu finden, die die atomaren und nuklearen Phänomene zu beschreiben vermochte: die Quantenmechanik. Einstein, der weiterhin nach einer Möglichkeit suchte, das Licht mit der Schwerkraft zu verbinden, stand praktisch allein da.

Einige behaupten, es sei Einsteins größter Fehler gewesen, die Quantenmechanik abzulehnen, eine Behauptung, die von Wissenschaftshistorikern und Journalisten erfunden wurde, denen Einsteins Gedankenwelt fremd war, und die nur deshalb so lange überleben konnte, weil die meisten dieser Kritiker kaum mit der Mathematik einer vereinheitlichten Feldtheorie vertraut waren.

Bei präziser wissenschaftlicher Durchsicht der vor über vierzig Jahren veröffentlichten Arbeiten Einsteins wird man, statt sie als veraltet abzutun, von ihrer erstaunlichen Aktualität beeindruckt sein. Diese Publikationen belegen eindeutig, daß Einstein die Gültigkeit der Quantenmechanik schließlich doch akzeptierte, auch wenn er sie für eine unvollständige Theorie hielt, ebenso wie Newtons Theorie der Schwerkraft ja nicht falsch, sondern lediglich unvollständig war.

Aus diesem Grund konnte Einstein die Quantenmechanik auch nicht als endgültige Theorie akzeptieren. Seine späteren wissenschaftlichen Arbeiten, die von Nichtwissenschaftlern und Historikern weitgehend ignoriert wurden, zeigen, daß er glaubte, seine vereinheitlichte Feldtheorie würde nebenbei auch die Eigenschaften der Quantenmechanik erklären. Er vermutete, daß Atome nur als Lösungen der Gleichungen seiner geometrischen Theorie der Schwerkraft und des Lichts in Erscheinung treten würden.

Doch Einstein starb, noch ehe seine Überzeugung, daß die Kräfte der Natur sich durch physikalische Prinzipien oder Symmetrien zu einer Einheit verbinden lassen, wissenschaftlich nachgewiesen werden konnte. Noch fast vierzig Jahre nach seinem Tod ignorieren die meisten seiner Biographen diese letzten Jahre seines Forscherlebens und verleugnen die Sackgassen, in die ihn seine Suche nach einer vereinheitlichten Feldtheorie führte, um statt dessen seinen Einsatz für die nukleare Abrüstung in den Mittelpunkt zu rücken.

Wo Einstein irrte

Auch heute wissen die Physiker noch nicht im einzelnen, was für die Vereinigung der vier Urkräfte in eine kohärente Theorie notwendig wäre. Doch man versteht besser, warum Einstein so verzweifelt mit der einheitlichen Feldtheorie kämpfte. Und man glaubt zu wissen, wo er irrte.

Einstein meinte einmal scherzhaft, er könne mit seiner Relativitätstheorie zwar Uhren im gesamten Universum aufstellen, jede mit ihrem eigenen Glockenschlag, nur für seine eigene Wohnung könne er sich keine Uhr leisten. Damit zeigte er die Art und Weise, wie er sich seinen großen Entdeckungen annäherte: Immer dachte er in ganz konkreten, realen Bildern. Die Mathematik, gleichgültig wie abstrakt und komplex, kam erst an zweiter Stelle und diente vorrangig als Mittel, die physikalischen Bilder in eine präzise Sprache zu übersetzen. Einstein war überzeugt, daß seine klaren und einfachen Bilder allgemein verständlich waren. Die Mathematik mochte undurchsichtig erscheinen, aber die Bilder mußten von elementarer Schlichtheit sein. Einer seiner Biographen schrieb, »Einstein setzte immer bei den einfachsten Ideen an und stellte sie dann, wenn er seine Sichtweise des Problems beschrieb, in den richtigen Zusammenhang. Es war ein intuitiver Ansatz, fast, als ob er ein Bild malte. Durch diese Erfahrung wurde mir der Unterschied zwischen Wissen und Verstehen klar.«[8]

Seine ungewöhnlich kühne Wahrnehmung, die alles in Bilder umsetzte, ließ Einstein weiter sehen als andere; es war seine geniale Vorstellungskraft, die es ihm ermöglichte, die Relativitätstheorie zu entwickeln. Drei Jahrzehnte lang war er der unübertroffene Meister seines Fachs, der auch dessen Richtung bestimmte. Es ist eine Ironie des Schicksals, daß es ihm in den letzten dreißig Jahren seines Lebens nicht gelang, die Formel für eine vereinheitlichte Feldtheorie zu entwickeln, weil er seinem eigenen Ansatz untreu geworden war und sich auf unanschauliche mathematische Systeme verließ, ohne ein klares Bild vor Augen zu haben.

Natürlich war Einstein sich der Tatsache bewußt, daß ihm ein richtungweisendes physikalisches Prinzip fehlte. »Ich glaube, um wirkliche Fortschritte zu erzielen, muß man immer wieder einem allgemeinen Prinzip der Natur auf die Spur kommen.«[9] Doch wie sehr er sich auch bemühte, es gelang ihm nicht, sich ein neues physikalisches Prinzip vorzustellen, so daß er allmählich und immer stärker von rein mathematischen Konzepten beherrscht wurde, beispielsweise »verdrehten« Geometrien – bizarren mathematischen Strukturen, die keinerlei bildliche Vorstellungen erlaubten. Letztendlich mißlang ihm die Entwicklung einer einheitlichen Feldtheorie, die das Meisterwerk aller seiner Forschungstätigkeit hatte werden sollen, weil er von seinem eigenen Weg abwich.

Rückblickend sehen wir, daß die Superstring-Theorie vielleicht der physikalische Rahmen ist, nach dem Einstein so viele Jahre lang gesucht hatte. Sie läßt sich graphisch außerordentlich gut darstellen, indem sie die unendliche Anzahl von Teilchen als unterschiedlich schwingende Saiten versteht. Wenn »Superstrings« unsere Erwartungen erfüllen, haben wir ein weiteres Beispiel für die Tatsache, daß sich die weitreichendsten physikalischen Theorien in überraschend einfachen Bildern darstellen lassen.

Einstein hatte recht damit, nach einer vereinheitlichten Feldtheorie zu suchen. Er glaubte fest daran, daß eine zugrundeliegende Symmetrie der Ausgangspunkt für eine Vereinheitlichung aller Kräfte sein müsse. Aber er wandte die falsche Taktik an, als er versuchte, die Gravitation mit der elektromagnetischen Kraft (Licht) statt mit der Kernkraft zu verbinden. Es war verständlich, daß Einstein versuchte, diese beiden Kräfte zu vereinen, denn sie waren lebenslang Gegenstand seiner Arbeit gewesen. Doch Einstein lehnte die Kernkraft bewußt ab, vielleicht weil es zu der damaligen Zeit die mysteriöseste aller Kräfte war. Und ebenso bereitete ihm die Theorie Unbehagen, die die Kernkraft beschreibt: die Quantenmechanik.

Die Relativitätstheorie enthüllt das Geheimnis der Energie, der Schwerkraft und der Raumzeit; die andere dominierende Theorie des 20. Jahrhunderts, die Quantenmechanik, ist dagegen eine Theorie der Materie. Sie beschreibt, verkürzt gesagt, die Atomphysik, indem sie die dualen Konzepte von Wellen und Teilchen miteinander verknüpft.

Es war Einstein aber im Gegensatz zu den Physikern der heutigen Zeit nicht klar, daß der Schlüssel zu einer einheitlichen Feldtheorie in der Verbindung von Relativitätstheorie und Quantenmechanik liegt. Er war Meister darin, das Wesen der Naturkräfte zu erkennen. Seine Schwäche lag in seinem mangelnden Verständnis der Materie, insbesondere der Atomkerne. Darum soll es nun gehen.

3. Das Rätsel der Quanten

Zu Beginn des 20. Jahrhunderts brach die bisherige Ordnung in der Physik zusammen. Dreihundert Jahre lang hatten Newtons Gesetze in der Naturwissenschaft als unumstößlich gegolten, nun gerieten sie durch eine Reihe kühner Experimente ins Wanken.

Die Welt erlebte die Geburt einer neuen Physik, die sich wie ein Phönix aus der Asche der alten Ordnung erhob und nicht eine, sondern zwei neue Theorien mit sich brachte.

Einstein war der Pionier der ersten, der Relativitätstheorie, in deren Mittelpunkt die Naturkräfte, wie z. B. die Gravitation und das Licht, standen. Der Grundstein zum Verständnis der Materie wurde jedoch von der zweiten Theorie, der Quantenmechanik, gelegt, die sich der Welt der subatomaren Phänomene zuwandte. Sie wurde von einem anderen bedeutenden Physiker, Werner Heisenberg, und seinen Mitarbeitern ausgearbeitet.

Zwei Giganten der Physik

Während die Theorien Einsteins und Heisenbergs sich generell voneinander unterscheiden, waren die Lebensläufe der beiden Physiker doch in gewisser Weise ähnlich. Beide waren deutscher Abstammung, beide waren revolutionäre Bilderstürmer, die die anerkannten Lehren ihrer Vorgänger in Frage stellten. Beider Forschung war so wegweisend, daß sie den Verlauf der Physik für mehr als ein halbes Jahrhundert bestimmte.

Auch leisteten beide ihre beste Arbeit in erstaunlich jungen Jahren. Einstein war erst sechsundzwanzig, als er die Relativitätstheorie entdeckte, Heisenberg formulierte den wesentlichen Teil der Quantenmechanik im Alter von vierundzwanzig Jahren (nachdem er bereits mit einundzwanzig Jahren promoviert hatte) und erhielt den Nobelpreis, als er einunddreißig Jahre alt war.

Beide Physiker waren tief in der intellektuellen Tradition verwurzelt, die im Deutschland der Jahrhundertwende die Künste und Wissenschaften blühen ließ. Damals war es für einen ehrgeizigen Physiker mit hochgesteckten Zielen obligatorisch, sich auf die Pilgerreise nach Deutschland zu begeben. (Auch J. Robert Oppenheimer, der später am Bau der ersten Atombombe mitwirken sollte, reiste – enttäuscht vom vergleichsweise primitiven wissenschaftlichen Niveau in den Vereinigten Staaten – in den späten zwanziger Jahren nach Göttingen, um dort bei den großen Lehrern zu studieren.)

Die Schicksale beider Männer trennten sich am dunkelsten Punkt der deutschen Geschichte. Als sich im Jahr 1933 der Faschismus und damit eine Zeit unvorstellbaren Terrors ankündigte, mußte Einstein emigrieren, um sein Leben zu retten. Heisenberg dagegen blieb in Deutschland; er arbeitete sogar an der Weiterentwicklung der Kernspaltung mit, durch die Hitler den Bau einer Atombombe vorantreiben wollte. Daß namhafte Physiker wie Heisenberg im damaligen Deutschland lebten, war einer der Gründe, weshalb Einstein 1939 seinen berühmten Brief an den amerikanischen Präsidenten Franklin Roosevelt schrieb, in dem er ihn dringend bat, den Bau der Atombombe in den USA voranzutreiben.

Doch nicht nur die persönlichen Schicksale der beiden Männer, auch ihre Forschungen waren eng miteinander verknüpft. Einsteins Meisterwerk war die allgemeine Relativitätstheorie, die einige der Fragen zu beantworten suchte, die Wissenschaftler schon seit langer Zeit fasziniert hatten: Gibt es einen Anfang und ein Ende der Zeit? Wo ist der äußerste Punkt des Universums? Was liegt hinter diesem Punkt? Was geschah, als das Universum entstand?

Heisenberg und seine Kollegen, z. B. Erwin Schrödinger und der dänische Physiker Niels Bohr, stellten dagegen andere Fragen: Was ist das kleinste Teilchen im Universum? Kann Materie endlos in immer kleinere Teile geteilt werden? Diese Fragestellungen waren es schließlich, die Heisenberg und seine Kollegen zur Quantenmechanik führten.

Zwei Theorien, von denen sich die eine mit den kosmischen Bewegungen der Galaxien und dem Universum, die andere mit der subatomaren Welt beschäftigt, scheinen auf den ersten Blick nicht viel miteinander gemein zu haben. Die Relativitätstheorie ist hauptsächlich eine Theorie der Kraftfelder, die den Raum kontinuierlich erfüllen. (Das Kraftfeld der Gravitation kann man sich z. B. wie gazeartige Gespinste vorstellen, die bis in die äußersten Räume des Universums hineinranken.) Die Quantenmechanik ist dagegen hauptsächlich eine Theorie der atomaren Materie, die sich sehr viel langsamer als das Licht fortbewegt. In der Welt der Quantenmechanik ist der Weltraum nur scheinbar gleichmäßig und durchgängig von Kraftfeldern erfüllt: bei näherem Hinsehen würden sie sich als unterteilte, »diskrete« Einheiten entpuppen, so wie das Licht aus winzigen Energiepaketen besteht, den Quanten oder Photonen.

Keine der beiden Theorien kann von sich aus eine vollständige Beschreibung der Natur liefern. Jede braucht und ergänzt die andere. Die Tatsache, daß Einstein seine Relativitätstheorie immer weiter trieb, ohne zu einem fruchtbaren Ergebnis zu kommen, beweist, daß die Relativitätstheorie allein keine Basis für eine vereinheitlichte Feldtheorie sein kann. Ebensowenig kann die Quantenmechanik allein das

Verhalten der Atome, die innere Struktur der Atomkerne oder das großräumige Verhalten der Schwerkraft berechnen.

Ganze Heerscharen theoretischer Physiker haben im letzten halben Jahrhundert alle ihre Fähigkeiten aufgeboten, um die beiden Theorien miteinander zu vereinigen. Erst in den letzten Jahren ist es einigen von ihnen möglicherweise gelungen, mit Hilfe der Superstring-Theorie eine Synthese der beiden Theorien zu konstruieren.

Planck – der zurückhaltende Revolutionär

Die Quantentheorie wurde 1900 ins Leben gerufen, als Physiker vor dem Rätsel der »Schwarzkörperstrahlung« standen. Sie konnten sich beispielsweise nicht erklären, weshalb Stahl, wenn man ihn auf hohe Temperaturen erhitzt, zuerst rotglühend und weiter weißglühend wird oder weshalb die Lava eines ausbrechenden Vulkans rotglühend ist.

Nach den damaligen Erkenntnissen war Licht rein wellenförmig und konnte bei jeder Frequenz schwingen, doch dadurch ließen sich die rot- und weißglühenden Farben nicht erklären. Diesen Theorien zufolge sollte Strahlung bei immer höheren Frequenzen schließlich eine unendliche Energie besitzen, was natürlich unmöglich ist. Dieses Dilemma war als »Ultraviolett-Katastrophe« bekannt (wobei »ultraviolett« einfach Hochfrequenzstrahlung bedeutet), und es beschäftigte die Wissenschaftler jahrelang.

Im Jahr 1900 fand der deutsche Physiker Max Planck die Lösung des Problems. Planck war Professor in Berlin, wo einige der präzisesten Experimente über Schwarzkörperstrahlung durchgeführt wurden. Eines Sonntags, als er und seine Frau einige Experimentalphysiker eingeladen hatten, erzählte einer seiner Gäste, Heinrich Rubens, beiläufig von seinen neuesten Ergebnissen bei der Strahlung Schwarzer Körper. Planck fand noch am selben Abend heraus, daß er mit einem mathematischen Kunstgriff eine Gleichung ableiten konnte, die exakt die Daten ergab, die Rubens ermittelt hatte. Freudig schickte er Rubens noch am selben Abend eine Nachricht, um dies zu berichten.

Als Planck kurz darauf seine Ergebnisse vor der Physikalischen Gesellschaft vortrug, war er äußerst vorsichtig; er traute seiner eigenen Theorie nicht ganz, wonach Strahlung nicht, wie bisher angenommen, rein wellenförmig ist, sondern der Energietransfer in diskreten Paketen vonstatten geht. In seiner Veröffentlichung vom Dezember 1900 formulierte Planck einschränkend: »Die Erfahrung wird zeigen, ob diese Hypothese in der Natur realisiert ist«.[1]

Planck wußte natürlich, daß die »körnige« Struktur von Energie noch niemals sichtbar gemacht worden war, da die »Größe« jedes Pakets unvorstellbar winzig war (ausgedrückt durch den Zahlenwert $\hbar = 6{,}5 \times 10^{-27}$ erg sec, der heute zu seinen Ehren die Plancksche Konstante genannt wird). Dieser Wert ist so unvorstellbar klein, daß wir Quanteneffekte im täglichen Leben niemals sehen können.[2]

Die Gemeinde der Physiker reagierte äußerst skeptisch auf Plancks neue Idee und ihre logische Folgerung, daß Licht nicht kontinuierlich, sondern von körniger Struktur sei. Die Vorstellung, daß Licht in »Quanten« zerstückelt werden könne, die sich dann wie Teilchen verhalten, erschien absurd.

Fünf Jahre später, im Jahre 1905, verhalf der damals noch unbekannte Einstein der Quantentheorie ein bedeutendes Stück weiter, als er die Theorie des photoelektrischen Effekts formulierte. Anders als Planck, der ein sehr zurückhaltender, fast schüchterner Revolutionär und dessen Temperament typisch für einen Physiker des 19. Jahrhunderts war, drang Einstein wagemutig in das theoretische Neuland vor.

Auf der Grundlage der seltsamen Planckschen Quantentheorie überlegte Einstein, was beim Aufprall eines Lichtteilchens auf Metall passierte. Wenn das Licht der Planckschen Theorie gehorchte und sich wie ein Teilchen verhielt, würde es die Elektronen aus einigen Atomen im Metall herausschleudern und damit Elektrizität erzeugen. Anhand der Planckschen Konstante berechnete Einstein dann die Energiemenge der ausgestoßenen Elektronen.

Bald schon konnten Plancks und Einsteins Gleichungen experimentell verifiziert werden. 1918 erhielt Planck den Nobelpreis für seine Quantentheorie, und Einstein erhielt ihn 1921 für den photoelektrischen Effekt.

Heute kommen uns beide Theorien sehr zugute. Ohne sie gäbe es beispielsweise kein Fernsehen, denn Fernsehkameras nutzen den photoelektrischen Effekt, um ein Bild auf einer Metalloberfläche festzuhalten. Das Licht tritt durch die Linsen der Kamera ein, trifft auf das Metall und erzeugt bestimmte Elektrizitätsmuster, die dann in Fernsehwellen transformiert und in unsere Fernsehgeräte gestrahlt werden. Anders als der gewöhnliche Kamerafilm, der nur einmal belichtet werden kann, wird dieses Metall immer wieder verwendet und fängt so bewegliche Bilder ein.

Quanten-Kochbücher

Jahrtausendelang hatte man angenommen, daß Teilchen und Wellen unterschiedliche Erscheinungen seien, doch zu Beginn dieses Jahrhunderts erwiesen sich diese Unterscheidungen als nicht länger haltbar. Nicht nur zeigten Planck und Einstein, daß Licht (eine Welle) teilchenähnliche Eigenschaften aufweist, Experimente mit Elektronen wiesen auch nach, daß umgekehrt Teilchen wellenähnliche Merkmale besitzen.

1932 stellte ein junger französischer Adliger und Physikstudent, Prinz Louis de Broglie, die grundlegende Beziehung für »Materie-Wellen« auf, wonach ein Elektron, ebenso wie Lichtwellen eine bestimmte Frequenz und Wellenlänge hat.

Den entscheidenden Schritt tat jedoch 1926 der Wiener Physiker Erwin Schrödinger, der, begeistert von den Ergebnissen de Broglies, die vollständige Gleichung für diese Wellen formulierte: die nach ihm benannte Schrödingergleichung. Eine andere, aber ihr äquivalente Beschreibung wurde fast gleichzeitig von Heisenberg präsentiert. Aus der frühen von Planck, Einstein und Bohr entwickelten Quantentheorie war so die ausgereifte Quantenmechanik von Schrödinger und Heisenberg entstanden.

Vor 1926 hielt man es für ein schier hoffnungsloses Unterfangen, die chemischen Eigenschaften auch nur der einfachsten chemischen Verbindungen zu bestimmen. Nach 1926 gelangte man schlagartig zu einem vollständigen Verständnis der Gleichungen, die das Verhalten einfacher Atome beschreiben. Die Quantenmechanik war so leistungsfähig, daß im Prinzip die gesamte Chemie auf eine Reihe von Gleichungen reduziert werden konnte.

Mit der Schrödingergleichung zu arbeiten ist für einen Physiker ungefähr so, wie ein kunstvolles Gericht nach Anleitung eines Kochbuchs zuzubereiten, denn sie gibt detaillierte Anweisungen, wieviel von welchen Zutaten wie lange gemischt und umgerührt werden sollen, bis die genauen Eigenschaften der Atome und Moleküle herauskommen. Obwohl es schwierig ist, mit der Schrödingergleichung die immer komplexeren Atom- und Molekülstrukturen zu berechnen, könnte man, mit entsprechend leistungsfähigen Computern die Eigenschaften praktisch aller bekannten chemischen Stoffe von Grund auf berechnen. Die Quantenmechanik leistet sogar noch mehr als ein normales Kochbuch, denn sie ermöglicht es, Eigenschaften chemischer Substanzen zu ermitteln, die uns bislang unbekannt sind.

Transistor, Laser und Quantenmechanik

Unser ganzes Leben ist von den Erkenntnissen, die uns die Quantenmechanik liefert, geprägt. Viele der uns heute selbstverständlichen Gebrauchsgegenstände wie Fernsehgeräte, Laser, Computer, Radios usw., beruhen auf den Erkenntnissen der Quantenmechanik, denn erst mit der Schrödingergleichung gelang es, bekannte, aber rätselhafte physikalische Phänomene zu erklären, beispielsweise die Leitfähigkeit, auf der die Erfindung des Transistors beruht. Die moderne Elektronik- und Computertechnologie wäre ohne den Transistor nicht möglich gewesen, der seinerseits wiederum die Anwendung eines rein quantenmechanischen Phänomens ist.

In einem Metall sind die Atome beispielsweise ordentlich in Form eines »Gitters« angeordnet. Die Schrödingergleichung sagt aus, daß die äußeren Elektronen in den Metallatomen nur locker an den Kern gebunden sind und sogar frei durch das gesamte Atomgitter treiben können. Schon durch die kleinsten elektrischen Felder werden diese Elektronen bewegt und erzeugen damit einen elektrischen Strom. Aus diesem Grund leitet Metall den elektrischen Strom. Bei Gummi und Plastik dagegen sind die äußeren Elektronen fester gebunden, so daß es keine freien Elektronen gibt, kein Strom fließen kann.

Die Quantenmechanik erklärt auch die Existenz bestimmter Metalle, der sogenannten »Halbleiter«, die unter bestimmten Bedingungen Strom sowohl leiten als auch isolieren können und die daher als Verstärker zur Steuerung der Energiezufuhr verwendet werden. So wie ein Wasserhahn die durchfließende Wassermenge reguliert, reguliert der Transistor den Zufluß des elektrischen Stroms. Transistoren regulieren heute den Strom in Walkmen, in Personalcomputern, Radios, Fernsehgeräten usw. Für die Erfindung des Transistors teilten sich drei Quantenphysiker den Nobelpreis des

Jahres 1956: John Bardeen, William Shockley und Walter Brattain.

Und noch eine Erfindung verdankt ihre Existenz der Quantenmechanik: der Laser, der umwälzende Erneuerungen in der Art, wie Industrie und Handel betrieben werden, zur Folge hat. Auch die Funktionsweise von fluoreszierenden Lampen konnte erstmals durch die Quantenmechanik erklärt werden: Bei Neonlicht fließt ein elektrischer Strom durch eine Gasröhre, regt die im Gas befindlichen Atome an und hebt dadurch ihre Elektronen in eine höhere Umlaufbahn, d. h. in einen höheren Energiezustand. Die angeregten Elektronen im Gasatom haben nun die Tendenz, auf ihr ursprüngliches niedrigeres Energieniveau zurückzufallen. Dabei setzen sie Energie frei und geben Licht ab. Diese überschüssige Energie ist das Neonlicht, das nachts unsere Städte beleuchtet.

In einer Glühbirne fallen die abgelösten Elektronen ungeordnet zurück (rekombinieren). Das abgestrahlte Licht ist, wie alles Licht, das uns umgibt (auch das Sonnenlicht), ungeordnete oder inkohärente Strahlung, ein chaotisches Strahlungsgemisch, das in unterschiedlichen Frequenzen und Phasen schwingt. Der Physiker Charles Townes von der University of California in Berkeley fand schließlich mit Hilfe der Quantenmechanik heraus, daß es in bestimmten Fällen möglich ist, die angeregten Atome auf einmal und in genauer Synchronisation rekombinieren zu lassen. Die so entstehende neue Art von Strahlung, kohärente Strahlung genannt, wurde noch nie zuvor in der Natur wahrgenommen und ist die reinste Form von Strahlung.

Townes Pionierarbeit (für die er 1964 den Nobelpreis erhielt) beschäftigte sich zwar mit Mikrowellenstrahlung, doch erkannte man sehr schnell, daß seine Theorie auch auf das Licht übertragbar war. Noch können wir keine Strahlengewehre herstellen und auch die Technik, ankommende Atomraketen mit kohärentem Licht unschädlich zu machen, liegt derzeit noch außerhalb unserer Fähigkeiten, doch werden Laserstrahlen bereits kommerziell zum Metallschneiden in Fabriken, bei der Datenübertragung und in der Chirurgie benutzt, und täglich werden neue Anwendungsmöglichkeiten entdeckt. Mit Minilasern können Ärzte heute überschüssige Fettablagerungen in den Adern infarktgefährdeter Patienten wegbrennen. Vertrauter sind uns die Laserdisks, die die üblichen Schallplatten fast verdrängt haben. An den Kassen der Supermärkte lesen Laser die kodierten Angaben auf den Produktpackungen ab und können so auf einfache Weise den Preis entnehmen und das Inventar überprüfen.

Die vielleicht spektakulärste kommerzielle Anwendung findet der Laser wahrscheinlich bei der Entwicklung des dreidimensionalen Fernsehens. Schon heute werden Kreditkarten mit dem »Hologramm« dreidimensionaler Objekte ausgestellt. Es ist gut vorstellbar, daß die Fernsehgeräte der Zukunft nicht mehr aus einer flachen, sondern aus einer dreidimensionalen Bildfläche bestehen, die uns dreidimensionale Bilder bescheren. Dank der Quantenmechanik werden unsere Kinder und Enkelkinder wahrscheinlich dreidimensional fernsehen können.

Neben Transistor und Laser gibt es Hunderte von anderen wichtigen Entdeckungen, die ihre Existenz der Quantenmechanik verdanken. Um nur einige zu nennen:

Das Elektronenmikroskop. Es nutzt die Welleneigenschaften der Elektronen, um Objekte von der Größe von Viren sichtbar zu machen. Millionen von Menschen profitieren von den vielfältigen medizinischen Anwendungen dieser auf der Quantenmechanik beruhenden Erfindung.

Entschlüsselung des DNA-Moleküls. Die Diffraktion von Röntgenstrahlen und andere Verfahren werden verwendet, um die Struktur dieser komplexen organischen Moleküle zu bestimmen. Vielleicht führen die quantenmechanischen Studien dieser Moleküle eines Tages dazu, das Geheimnis des Lebens zu verstehen.

Fusionsmaschinen. Diese wollen den Vorgang der Verschmelzung, wie er z. B. in der Sonne abläuft, zur Erzeugung gigantischer Energiemengen auf der Erde nutzen. Zwar gibt es hier noch viele ungelöste Fragen, doch ist nicht auszuschließen, daß diese Fusionsmaschinen eines Tages eine praktisch unbegrenzte Energiequelle für unsere energiebedürftigen Städte liefern.

Zweifellos hat der spektakuläre Erfolg der Quantenmechanik die moderne Medizin, den Handel und die Wirtschaft von Grund auf geändert. Um so paradoxer ist es, daß diese so einschneidende, definitive und in der praktischen Anwendung so klar umrissene Theorie im Grunde auf Unbestimmtheiten, Wahrscheinlichkeiten und bizarren philosophischen Ideen beruht. Kurz gesagt, die Quantenmechanik warf eine Bombe auf die Welt der Physik, und die Auswirkungen waren erschütternd. »Jeder, der von der Quantentheorie nicht schockiert ist«, sagte Niels Bohr in seinem berühmten Zitat, »hat sie nicht verstanden.«

Heisenbergs Unschärferelation

Die »Unschärferelation« wurde 1927 von Werner Heisenberg formuliert; sie besagt, daß Geschwindigkeit und Ort eines sich bewegenden Objektes nicht gleichzeitig gemessen werden können. Eine Welle, zum Beispiel, ist kein klar umrissenes, sondern ein »verwischtes« Objekt, und man kann z. B am Strand nicht die Position und Geschwindigkeit einer Meereswelle berechnen. Ebenso ist es ausgeschlossen, eine exakte Berechnung der Geschwindigkeit (oder des Impulses) und des Ortes eines Elektrons gleichzeitig vorzunehmen. Diese Tatsache ergibt sich auch unmittelbar aus der Schrödingergleichung.

Heisenberg zufolge resultiert diese Unschärfe aus dem Umstand, daß in der subatomaren Welt bereits der Akt der Beobachtung die Position und Geschwindigkeit eines Objektes verändert. Anders gesagt, bereits der Prozeß des Messens eines atomaren Systems stört dieses so erheblich, daß sein Zustand nach der Messung ein qualitativ anderer ist als zuvor. Ein Elektron beispielsweise ist so winzig, daß, um seine Lage im Atom zu bestimmen, Lichtquanten (Photonen) von ihm reflektiert werden müssen. Die Kraft des Lichts wiederum ist so groß, daß sie das Elektron aus dem Atom schleudert und damit seinen Ort und Zustand verändert.

Als Gegenargument könnte man anführen, daß eine gleichzeitige Messung von Geschwindigkeit und Lage eines Elektrons nur deshalb nicht möglich ist, weil die Qualität unserer Meßinstrumente noch nicht weit genug entwickelt ist. Die Unschärferelation antwortet darauf mit Nein. Nach der Quantenmechanik ist es prinzipiell unmöglich, Ort und Geschwindigkeit eines einzelnen Elektrons gleichzeitig zu messen, wie empfindlich die Meßgeräte auch sein mögen. Wir können jeweils nur entweder das eine oder das andere feststellen, nicht aber beides zugleich.

Das Ende des Determinismus

Newton sah das Universum als gewaltige kosmische Uhr, die von Gott zu Beginn der Zeit aufgezogen wurde und seitdem ununterbrochen nach den von ihm formulierten Bewegungsgesetzen tickt. Diese Theorie, der Newtonsche Determinismus, besagt, daß die Bewegung sämtlicher Teilchen im Universum mathematisch präzise vorausbestimmt werden kann.

Der französische Mathematiker Pierre Simon de Laplace ging noch einen Schritt weiter; er war davon überzeugt, daß alle zukünftigen Ereignisse (nicht nur z. B. die Wiederkehr des Halleyschen Kometen oder Sonnenfinsternisse, sondern auch zukünftige Kriege und irrationale menschliche Entscheidungen) im voraus berechnet werden könnten, wenn die Anfangsbewegungen aller Atome am Beginn der Zeit bekannt wären. Auf die Spitze getrieben ließe sich anhand einer solchen Determinismus-Theorie mit mathematischer Genauigkeit berechnen, in welchem Restaurant eine bestimmte Person in zehn Jahren essen und welches Gericht sie dann bestellen wird.

Auch ließe sich dieser Logik zufolge voraussagen, ob wir eines Tages im Himmel oder in der Hölle landen, da es keinen freien Willen gibt. (Als Laplace sein großes Opus *Himmelsmechanik* schrieb, soll Napoleon ihn gefragt haben, warum er den Schöpfer nicht erwähnt habe. Laplace antwortete: »Ich brauche diese Hypothese nicht.«)

Heisenberg hielt das alles für baren Unsinn. Er war überzeugt davon, daß unser Schicksal nicht in einer Quantenhölle oder einem Quantenhimmel besiegelt wird. Das Prinzip der Unschärfe gestattet keine sicheren Voraussagen über das genaue Verhalten einzelner Atome, vom Verhalten des Universums ganz abgesehen.

Nach Heisenbergs Theorie lassen sich in der subatomaren Welt lediglich Wahrscheinlichkeiten berechnen. Da sich, wie zuvor erwähnt, der exakte Standort und die Geschwindigkeit eines Elektrons nicht gleichzeitig feststellen lassen, ist es auch nicht möglich, das Verhalten eines einzelnen Elektrons vorauszusagen. Man kann jedoch, und zwar mit erstaunlicher Genauigkeit, das wahrscheinliche Verhalten einer großen Menge von Elektronen berechnen.

Nehmen wir als Beispiel die Tausende von Studenten, die sich jährlich an den Universitäten einschreiben. Es ist relativ schwierig vorauszusagen, wie jeder einzelne sein Studium abschließen wird. Was jedoch vorausbestimmt werden kann, ist die Durchschnittsleistung aller Studenten. Das Verhalten der Gesamtheit ändert sich tatsächlich von Jahr zu Jahr nur unwesentlich. Man kann also im voraus berechnen, wie eine große Gruppe von Studenten beim Examen abschneiden wird, doch über die Ergebnisse eines einzelnen lassen sich keinerlei Aussagen machen.

Entsprechend läßt sich bei einem einzelnen radioaktiven Urankern, der instabil ist und irgendwann zerfällt, nicht bestimmen, wann und mit welcher Energie er zerfallen wird.

Ohne vorherige Messung kann die Quantenmechanik also den Zustand des Urankerns – ob er noch ganz oder bereits zerfallen ist – nicht voraussagen. Die einzige Betrachtungsweise, die die Quantenmechanik erlaubt, ist, von einer Mischung dieser beiden Zustände auszugehen. Ein einzelner Urankern befindet sich – jedenfalls vom physikalischen Standpunkt aus gesehen – vor seiner Messung in einem Zwischenstadium: Er ist weder intakt, noch ist er zerfallen.

Mit dieser seltsamen Annahme – daß einzelne Kerne sich in zwei oder auch mehreren unterschiedlichen Zuständen befinden – ermöglicht die Quantenmechanik jedoch verblüffend genaue Aussagen über die Zerfallsquote von Milliarden von Uranatomen.

Neugier tötet die Katze

Obwohl die Gesetze der Quantenmechanik in den Forschungslaboratorien bis heute noch niemals widerlegt (dagegen häufig bestätigt) werden konnten, verstößt diese Theorie fortwährend gegen den »gesunden Menschenverstand«. Die Hypothesen der Quantenmechanik waren so befremdlich, daß Erwin Schrödinger im Jahr 1935 ein gewitztes »Gedankenexperiment« entwarf, um ihre offensichtliche Absurdität zu veranschaulichen:

Stellen Sie sich eine Flasche mit Giftgas vor und eine Katze, die in einem Kasten gefangengehalten ist. Der Kasten darf nicht geöffnet werden. Auch ohne einen Blick in den Kasten zu werfen, wissen wir, daß die Katze entweder tot oder lebendig ist. Nun sei das Giftgas mit einem Geigerzähler verbunden, der die Strahlung von Uran mißt. Beim Zerfall eines einzigen Urankerns wird Strahlung freigesetzt, die wie ein Schalter den Geigerzähler in Gang bringt, der die Flasche zerbricht und die Katze tötet. Er wird nur so lange eingeschaltet, bis die Wahrscheinlichkeit des Zerfalls eines einzigen Kerns 50% beträgt. Zerfällt in dieser Zeit ein Kern, so zerbricht die Flasche und die Katze stirbt. Andernfalls bleibt sie am Leben. Solange der Kasten nicht geöffnet wird, bleibt der Zustand für den Experimentator »unbestimmt«.

Analog ist es auch in der Quantenmechanik unmöglich, vorauszusagen, wann ein bestimmter Urankern zerfällt; es läßt sich lediglich die Wahrscheinlichkeitsquote des Zerfalls von Milliarden und Abermilliarden von Kernen berechnen. Deshalb nimmt die Quantenmechanik bei der Beschreibung eines einzelnen Urankerns an, daß er sich in einer Mischung beider Zustände – eines noch intakten und eines zerfallenen – befindet. Der Zustand der Katze wird durch eine Wellengleichung beschrieben, welche beide Möglichkeiten enthält, sowohl eine tote als auch eine lebende Katze. Statistisch gesehen, befindet sich die Katze also in einer Mischung aus beiden Stadien – tot und lebendig.

Sobald es uns allerdings erlaubt ist, den Kasten zu öffnen und nachzuschauen, können wir natürlich mit Sicherheit feststellen, ob die Katze tot oder lebendig ist. Doch vor dem Öffnen und entsprechend der Wahrscheinlichkeitsrechnung kann die Katze statistisch beides sein – tot *und* lebendig. Der Quantenmechanik zufolge entscheidet der Akt des Öffnens – also der Akt des Messens – über den Zustand der Katze! Das hieße – und dadurch wird die Sache noch komplizierter –, daß Objekte sich erst in einem definierten Zustand befinden, (d. h. tot oder lebendig sind), wenn ihre Existenz durch Beobachtung bzw. Messung erwiesen ist.

Einstein konnte sich mit den paradoxen Implikationen der Quantenmechanik – wie Schrödingers Katze – nicht abfinden. »Keine vernünftige Definition der Realität«, so schrieb er, »würde diesen Schluß zulassen.«[3] Wie Newton vor ihm hielt er an einer objektiven Realität fest, nach der das physikalische Universum in einem bestimmten, von jeglicher Messung unabhängigen Zustand existiert.

Mit der Einführung der Quantenmechanik tat sich ein Wespennest philosophischer Ideen auf, die seitdem nicht aufgehört haben, wild umherzuschwirren.

Philosophie und Wissenschaft

Naturwissenschaftler haben sich immer schon für Philosophie interessiert. »Naturwissenschaft ohne Erkenntnistheorie«, schrieb Einstein in seinen späteren Jahren, »ist [...] primitiv und wirr.«[4] Einstein hatte als junger Mann mit einigen Freunden sogar die »Olympische Akademie« gegründet, eine informelle Gruppe, die sich mit philosophischen Fragen auseinandersetzte. Erwin Schrödinger entschloß sich, einige Jahre vor der Veröffentlichung seiner berühmten Wellengleichung, der Physik vorübergehend den Rücken zu kehren und sich der Philosophie zuzuwenden. Und Max Planck beschäftigte sich mit der Frage nach dem freien Willen des Menschen und dem Determinismus in seinem Buch *Die Philosophie der Physik*.

Die Quantenmechanik erzielte zwar triumphale Erfolge in allen Experimenten, die im subatomaren Bereich durchgeführt wurden, doch gleichzeitig erhob sich auch eine alte philosophische Frage aufs neue, die schon Schulkinder stellen: »Macht ein Baum, den der Wind umwirft, auch dann ein Geräusch, wenn niemand da ist, um es zu hören?« Philosophen des 18. Jahrhunderts wie Bischof Berkeley und die Solipsisten würden die Frage mit Nein beantworten. Für die Solipsisten war das Leben ein Traum, der jenseits des Träumenden keinerlei materielle Existenz besaß. Ein Tisch existierte nur, wenn es ein Bewußtsein gibt, das ihn wahrnimmt.

Descartes' berühmter Satz »Ich denke, also bin ich« trifft auch auf die Solipsisten zu.

Andererseits geht die Wissenschaft seit Galilei und Newton davon aus, daß die Frage des fallenden Baumes mit Ja zu beantworten ist – das heißt, daß die Gesetze der Physik objektiv und unabhängig von menschlicher Wahrnehmung existieren, statt rein subjektiv im Bewußtsein des Beobachters.

Die Quantenphysik nun vertritt, gestützt auf ihre bislang unwiderlegten und erfolgreichen mathematischen Formeln, einen anderen philosophischen Ansatz, indem sie behauptet, daß die Realität erst durch Messung Existenz annehme, d. h., daß erst der Prozeß der Wahrnehmung die Realität erzeuge. (An dieser Stelle muß allerdings betont werden, daß die Quantenmechanik diese Ansicht ursprünglich nur für den subatomaren Bereich gelten ließ. Quantenmechaniker waren keine Solipsisten; sie glaubten an die nicht-objektive Realität nur in der mikroskopischen Welt der Elektronen und Protonen und wandten diese Theorie nicht auf unsere makroskopische Welt an, in der wir leben.)

Die traditionellen Physiker betrachteten diese neue Weltsicht zunächst mit Skepsis; tatsächlich waren es die Begründer der Quantenmechanik, die Besorgnis darüber äußerten, daß sie zu einer Abkehr von der klassischen Newtonschen Physik gezwungen waren. Heisenberg erinnerte sich an nächtliche Diskussionen mit Bohr im Jahr 1927, an deren Ende beide »schier verzweifelt« waren. Beim anschließenden Spaziergang durch den Park ging Heisenberg wieder und wieder die Frage durch den Kopf: »Ist die Natur tatsächlich so absurd, wie unsere Atomexperimente vermuten lassen?« Doch schließlich wurde die neue Theorie von den Vertretern der Quantenmechanik, ebenso wie von vielen anderen Physikern der heutigen Zeit, voll und ganz akzeptiert und bestimmte den Kurs, den die Physik in den nächsten fünfundvierzig Jahren einschlug.

Eine der herausragendsten Persönlichkeiten in der Physik hat die quantenmechanische Sichtweise der Realität allerdings nie akzeptiert: Albert Einstein. Er hatte verschiedene Einwände. Zunächst konnte er keine Theorie billigen, die sich lediglich auf Wahrscheinlichkeiten und Zufälligkeitsaspekte gründete. »Die Quantenmechanik ist sicherlich sehr beeindruckend«, schrieb er einmal an Max Born, »aber – das ist meine Überzeugung – Gott würfelt nicht.«[5]

Außerdem hielt er die Quantentheorie für unvollständig. »Die folgende Voraussetzung scheint mir für eine vollständige Theorie unabdingbar zu sein: jedes Element der physikalischen Realität muß sein Äquivalent in der physikalischen Theorie besitzen.«[6] An diesem Punkt versagt jedoch die Quantentheorie. Da sie sich lediglich mit dem Verhalten von Gruppen beschäftigt, kann sie nichts über die Natur einzelner Geschehnisse aussagen. Für Einstein war die Quantenmechanik daher eine vorläufige und unvollständige Theorie.

Einstein war darüber hinaus fest vom Prinzip der Kausalität überzeugt und konnte sich nicht mit einer nicht-objektiven Sichtweise des Universums anfreunden. Zu den experimentellen Erfolgen der Quantenmechanik schrieb er an Born: »Ich bin überzeugt (von einer objektiven Realität), obwohl der Erfolg bis jetzt dagegen spricht.«[7] Vielleicht dachte er an sich selbst, als er über Spinoza schrieb: »[...] die spirituelle Situation, mit welcher Spinoza sich befassen mußte, ähnelt der unsrigen [...]. Er war vollkommen von der kausalen Abhängigkeit aller Phänomene überzeugt, obwohl in seiner Zeit die Erforschung der kausalen Zusammenhänge der Naturphänomene noch nicht sonderlich erfolgreich war«.[8]

Einstein stand mit seinen Einwänden fast völlig allein. Während andere Physiker sich nicht schnell genug an den Quantenwagen anhängen konnten, hielt Einstein bis an sein Lebensende daran fest, daß die Quantentheorie unvollständig war. »In den Augen meiner Kollegen habe ich mich zu einem sturen Sektierer entwickelt«[9], schrieb er an einen Freund. Doch da er ein Mann mit festen Prinzipien war, schien ihn das nicht sonderlich zu stören. »Momentaner Erfolg«, so seine bittere Erkenntnis aus dem Jahr 1948, »überzeugt die meisten Menschen weit mehr als grundsätzliche Überlegungen.«[10] Er ließ sich auch durch Mehrheitsmeinungen nicht von seinen eigenen Überzeugungen abbringen. Bei Gesprächen über Newtons Gravitationstheorie wies Einstein immer wieder darauf hin, daß diese länger als zwei Jahrhunderte erfolgreich war, ehe sie als unvollständig erkannt wurde.

In diesem Zusammenhang muß jedoch betont werden, daß Einstein die mathematischen Gleichungen der Quantenmechanik akzeptierte – auch wenn er sie für die unvollständige Manifestation einer fundamentaleren Theorie (der vereinheitlichten Feldtheorie) hielt, die eine objektive Beschreibung der Natur gestattete. Bis an sein Lebensende suchte er nach einer Theorie, die das Phänomen der Quanten mit der Relativitätstheorie vereinigen kann. Daß die Superstring-Theorie vielleicht diesen Anspruch erfüllen könnte, sollte er nicht mehr erleben.

Regeln des Pragmatismus

In den Jahren zwischen 1930 und 1940 war die Quantenmechanik die dominierende physikalische Theorie: Ungefähr neunundneunzig Prozent aller Physiker gehörten zu ihren Anhängern, während Einstein seine Prinzipien standhaft auf der anderen Seite verteidigte.

Einige wenige Wissenschaftler, zu denen auch der Nobelpreisträger Eugene Wigner gehörte, vertraten dabei die Position, daß Messung eine Art von Bewußtsein voraussetze. Nur ein Wesen mit Bewußtsein, so argumentierten sie, kann eine Messung überhaupt vornehmen. Da (nach den Regeln der Quantenmechanik) die Existenz aller Materie von Messung abhängt, hängt die Existenz des Universums vom Bewußtsein ab.

Das muß nicht unbedingt menschliches Bewußtsein sein – es kann ebensogut intelligentes Leben anderswo im Universum sein, vielleicht eine Art außerirdisches Bewußtsein oder sogar, wie manche meinten, Gott selbst. Da, so argumentierten sie, die Quantenmechanik die Grenzen zwischen Beobachter und dem beobachteten Objekt verwischt, wurde die Welt vielleicht geboren, als zum ersten Mal ein Beobachter (ein Wesen mit Bewußtsein) eine Messung vornahm.

Doch die große Mehrheit der Physiker vertrat einen pragmatischeren Ansatz, der davon ausging, daß Messung nicht unbedingt Bewußtsein voraussetzt. Eine Kamera beispielsweise ist nicht »bewußt« und kann dennoch Messungen vornehmen. Ein Photon, das durch die Galaxis rast, befindet sich in einem unbestimmten Stadium; sobald es jedoch auf die Linse einer Kamera trifft und den Film belichtet, ist sein Status festgelegt. Das Auge der Kamera funktioniert hier als Beobachter, der die Messung vornimmt; bevor der Lichtstrahl die Kamera erreichte, befand er sich in einem Zwischenstadium, das erst durch das Entwickeln des Films genau definiert wurde. Messung kann also auch bei Abwesenheit eines bewußten Beobachters vorgenommen werden. Beobachtung impliziert daher nicht notwendigerweise Bewußtsein.[11]

(Übrigens liefert die Superstring-Theorie vielleicht die umfassendste Erklärung für das Phänomen von Schrödingers Katze. In der Quantenmechanik wird mit der Schrödingergleichung in der Regel ein bestimmtes Teilchen beschrieben. Die vollständige quantenmechanische Beschreibung, wie sie die Superstring-Theorie erfordert, bezieht die Schrödingergleichung auf das gesamte Universum. Während die traditionelle Schrödingergleichung z. B. ein Punktteilchen beschrieb, verlangen die Superstrings eine Wellenfunktion der Raumzeit – d. h. des Universums – ebenso wie aller seiner Teilchen.

Damit sind noch nicht alle philosophischen Probleme, die Schrödingers Katze aufwirft, gelöst, doch es macht deutlich, daß die ursprüngliche Formulierung des Problems – In welchem Zustand befindet sich die Katze im Kasten? – unvollständig ist. Anders ausgedrückt, die endgültige Lösung des Problems von Schrödingers Katze erfordert vielleicht ein sehr viel umfassenderes Verständnis unseres Universums.)

Die meisten heutigen Physiker, die den seit fünfzig Jahren andauernden spektakulären Erfolg der Quantenmechanik miterlebten, haben einfach gelernt, mit den seltsamen philosophischen Implikationen dieser Theorie zu leben. Man wird an den jungen Physiker erinnert, der nach dem Zweiten Weltkrieg in Los Alamos arbeitete und den großen ungarischen Mathematiker John von Neumann zu einem kniffligen mathematischen Problem befragte. »Ganz einfach«, antwortete von Neumann. »Das kann mit der Methode der Charakteristika gelöst werden.« Worauf der junge Physiker antwortete: «Ich fürchte, ich verstehe die Methode der Charakteristika nicht.« »Junger Mann«, meinte da von Neumann, »in der Mathematik versteht man die Dinge nicht, man gewöhnt sich an sie.«[12]

Quantenmechanik und Relativitätstheorie

Die philosophischen Fragen einmal beiseite gelassen, glich die Quantenmechanik in der Zeit zwischen 1930 und 1940 einer nicht aufzuhaltenden Dampfwalze, die alle Probleme, über die Physiker seit Jahrhunderten grübelten, einebnete. Vielen Chemikern sträubten sich die Haare, als ein unbekümmerter junger Quantenphysiker, Paul Dirac, zu behaupten wagte, die Quantenmechanik könne die gesamte Chemie auf einen Satz mathematischer Gleichungen reduzieren.

Doch so stimmig die Quantenmechanik die Eigenschaften chemischer Elemente auch erklären konnte, war sie doch für sich allein genommen unvollständig. Man darf nicht vergessen, daß die Quantenmechanik nur dann angewendet werden konnte, wenn alle Geschwindigkeiten erheblich kleiner als die des Lichts waren.

Bei den Versuchen, die Spezielle Relativitätstheorie einzubeziehen, prallte die Dampfwalze auf Granit.

In diesem Sinne war der spektakuläre Erfolg der Quantenmechanik in den dreißiger und vierziger Jahren gewissermaßen ein Zufallstreffer. Das Elektron eines Wasserstoffatoms bewegt sich etwa hundertmal langsamer als das Licht. Hätte die Natur Atome erschaffen, in denen sich die Elektronen fast mit Lichtgeschwindigkeit bewegen, wäre die Spezielle Relativitätstheorie sehr viel mehr und die Quantenmechanik sehr viel weniger erfolgreich gewesen.

Doch da alles (eben außer dem Licht selbst) auf der Erde sehr viel langsamer als mit Lichtgeschwindigkeit abläuft, ist die Quantenmechanik ein wichtiges Instrumentarium, mit dem sich alle gewohnten Erscheinungen erklären lassen, wie beispielsweise die bereits erwähnten Wirkungen von Lasern oder Transistoren. Wenn wir jedoch die Erdatmosphäre verlassen, um die Eigenschaften der ultraschnellen und hochenergetischen Teilchen im Kosmos zu analysieren, kann die Quantenmechanik die Relativitätstheorie nicht länger außer acht lassen.

Hierzu ein Beispiel: Ein Kleinwagen fährt auf einer Rennstrecke. Solange er langsamer als 100 km/std ist, geht alles gut. Doch bei den Geschwindigkeiten eines Rennwagens von über 200 km/std würde das Auto wahrscheinlich außer Kontrolle geraten. Damit ist nicht gesagt, daß unser technisches Verständnis der Motoren veraltet und damit untauglich geworden ist, sondern daß wir bei Geschwindigkeiten von über 100 km pro Stunde ein anders konstruiertes Auto brauchen, das diesen hohen Geschwindigkeiten gewachsen ist.

Analog zu diesem Beispiel ist experimentell erwiesen, daß die Postulate der Quantenmechanik bei Körpern erfüllt werden, die sich viel langsamer als das Licht bewegen (die Spezielle Relativitätstheorie also ignoriert werden kann). Sie versagt jedoch, sobald die betrachteten Geschwindigkeiten der Lichtgeschwindigkeit nahe kommen. Also mußte ein Weg gefunden werden, die Quantenmechanik mit der Relativitätstheorie zu ›verheiraten‹.

Der erste Versuch dazu endete in einer katastrophalen Zwangsehe, der eine verrückte Theorie (die sogenannte Quantenfeldtheorie) entsprang, die jahrzehntelang eine Serie bedeutungsloser unendlicher Größen produzierte.

Die vollständige Vereinigung von Quantenmechanik und Relativitätstheorie – der Speziellen sowie der allgemeinen – ist eine der großen wissenschaftlichen Aufgaben dieses Jahrhunderts; bisher scheinen nur die Superstrings-Befürworter einen Lösungsansatz gefunden zu haben. Denn die Quantenmechanik hat Grenzen, da sie – wie die gesamte Physik des 19. Jahrhunderts – auf Punktpartikeln aufbaut und nicht auf Superstrings.

Das Schulwissen lehrt, daß Kräftefelder, z. B. die Schwerkraft und die elektrischen Felder, dem »photometrischen Entfernungsgesetz« gehorchen – d. h., je größer die Distanz wird, um so schwächer wird die wirkende Kraft. Je weiter man sich beispielsweise von der Sonne entfernt, um so schwächer wird auch ihre Anziehungskraft. Umgekehrt bedeutet dieses Prinzip jedoch auch, daß die Kraft stark zunimmt, wenn man sich ihr nähert. So müßte die Feldstärke an der Oberfläche eines Punktpartikels der Kehrwert von Null zum Quadrat, also $\frac{1}{0^2}$ sein. Brüche mit dem Nenner Null sind jedoch unendlich und nicht definiert. Für die Punktpartikel-Theorie zahlen wir einen Preis: daß nämlich alle unsere Berechnungen von physikalischen Größen wie z. B. der Energie von unendlichen Werten geplagt sind. Berechnungen anhand einer Theorie, in der unendliche Werte auftauchen, sind nie ganz in Ordnung.

Das Problem sollte die Physiker noch ein weiteres halbes

Jahrhundert verfolgen. Es konnte erst mit Erscheinen der Superstring-Theorie gelöst werden, da diese ein für allemal von den Punktpartikeln Abschied nimmt und »Strings« an deren Stelle setzt. Heisenbergs und Schrödingers ursprüngliche Annahme, daß die Quantenmechanik auf Punktpartikeln aufbaut, war zu einschränkend. Erst auf der Basis der Superstrings kann eine neue Quantenmechanik formuliert werden.

Die Vereinigung der Speziellen und der Allgemeinen Relativitätstheorie mit der Quantenmechanik ist ein faszinierender und einmaliger Erfolg der String-Theorie. Dieses Thema soll in den folgenden Kapiteln diskutiert werden: dabei werden wir auf einige der großen kosmischen Geheimnisse stoßen, u. a. auch auf den Anfang der Zeit.

4. Das Rätsel der Unendlichkeiten

Was haben Safeknacker und theoretische Physiker miteinander gemein?

Der kürzlich verstorbene Richard Feynman, der am California Institute of Technology arbeitete, war zum Beispiel ein sehr renommierter Safeknacker, der einige der bestbewachten Safes der Welt aufgebrochen hatte; gleichzeitig war er ein Physiker von Weltrang. Nach Feynman sind beide, der Safeknacker wie der Physiker, Meister darin, scheinbar zufällige Spuren zu verfolgen, in deren Geflecht sie dann den verborgenen Schlüssel zur Problemlösung entdecken.

Seit fünfzig Jahren arbeiten Physiker an der frustrierenden Aufgabe, den »Safe« der Quantenfeldtheorie zu knacken und den Schlüssel für eine Vereinigung von Quantenmechanik und Relativitätstheorie zu finden; doch erst in den letzten zwanzig Jahren entdeckten Physiker das Muster, das die Daten, die sie durch ihre Experimente erhalten hatten, in einen systematischen Zusammenhang bringt.

Heute wissen wir, daß dieses Muster Ausdruck einer mathematischen Symmetrie ist, die zwischen scheinbar ganz unterschiedlichen Kräften besteht. Solche Symmetrien spielen bei der Eliminierung der Divergenzen, d. h. Unendlichkeiten, wie sie in der Quantenfeldtheorie auftauchen, eine zentrale Rolle. Die Entdeckung, daß diese Symmetrien die störenden Divergenzen beseitigen können, ist die vielleicht wichtigste Erkenntnis in der Physik der vergangenen fünfzig Jahre.

Ein Spaßvogel namens Feynman

Durch sein Talent, mit Hilfe von Symmetrien den Kern eines Problems freizulegen, gelang Feynman im Jahr 1949 die erste erfolgreiche Vereinigung der Speziellen Relativitätstheorie mit der Quantenmechanik, für die er und seine Kollegen (S. Schwinger und S. Tomonaga) 1965 mit dem Nobelpreis ausgezeichnet wurden.

Nach heutigen Maßstäben leistete Feynmans Theorie der Quantenelektrodynamik, kurz QED genannt, jedoch nur einen relativ bescheidenen Beitrag zur Vereinigung der Kräfte, da sie lediglich die Wechselwirkungen zwischen Photonen (Licht) und Elektronen (nicht aber die schwache oder die starke Kernkraft und schon gar nicht die Schwerkraft) zum Gegenstand hatte; sie markierte jedoch durch die Verschmelzung der Speziellen Relativitätstheorie mit der Quantenmechanik den ersten bedeutenderen Fortschritt nach jahrelanger Suche.

Die neue Theorie war so verschieden von der Relativitätstheorie wie die Persönlichkeit Feynmans von der Einsteins. Einstein hatte sich, anders als die meisten seiner Kollegen, etwas Kindliches und Verspieltes bewahrt und nutzte jede Gelegenheit, sich über die festgefahrenen Konventionen der etablierten Gesellschaft lustig zu machen. Doch wenn schon Einstein verspielt war, dann handelte es sich bei dem Physiker Richard Feynman um einen Spaßvogel ganz besonderer Art.

Seine Vorliebe für makabre Scherze machte sich schon frühzeitig bemerkbar, als er in den vierziger Jahren als junger Physiker an dem Projekt der US-Regierung zur Entwicklung der Atombombe mitarbeitete. Stolz auf seine brillanten Fähigkeiten als Safeknacker, brach er eines Tages nacheinander in drei Kellergewölbe in Los Alamos ein, in denen heikle Militärgeheimnisse über die Atombombe aufbewahrt wurden. Feynman hinterließ einen kleinen Zettel, auf dem er prahlte, was für ein Kinderspiel es für ihn gewesen sei, den Safe zu öffnen. Das Ganze unterzeichnete er mit »Wise Guy« (Schlaukopf). Im dritten Gewölbe hinterlegte er eine ähnliche Botschaft und unterzeichnete mit »Same Guy« (Derselbe).

Am nächsten Tag öffnete Frederic de Hoffman die Safes, fand die beiden mysteriösen Botschaften auf den bestgehüteten Geheimnissen der Welt liegen und wurde blaß.

Feynman erinnerte sich: »Ich hatte in Büchern gelesen, daß, wenn jemand Angst hat, seine Gesichtsfarbe fahl wird, aber gesehen hatte ich so etwas noch nie. Es stimmt tatsächlich. Sein Gesicht wurde erst hell, dann blaßgrün – es war wirklich beängstigend, das mitanzusehen.«[1] De Hoffman las das Blatt mit der mysteriösen Unterschrift »Same Guy« und verlor die Fassung: »Das ist derselbe Kerl, der versucht hat, ins Gebäude Omega einzubrechen«, brüllte er. In seiner Panik zog Hoffman den falschen Schluß, daß dieser Safeknacker mit dem Mann identisch war, der damals auch ein anderes streng geheimes Projekt in Los Alamos auszuspionieren versuchte. Zum Glück beichtete Feynman kurz danach, daß er selbst der Übeltäter gewesen war.

Feynmans anerkanntes Talent als Safeknacker kam ihm jedoch bei einem noch viel schwierigeren Problem zugute: bei der Vertreibung der unendlichen Größen aus der Quantenfeldtheorie.

Die S-Matrix – warum ist der Himmel blau?

Als Student am Massachusetts Institute of Technology dachte Feynman darüber nach, was wohl das seinerzeit vorrangigste Problem und das dringlichste der gesamten theoretischen Physik sei. Eindeutig lag das Problem in der Schwierigkeit, die katastrophalen unendlichen Größen in der Quantenfeldtheorie zu beseitigen.

Feynman arbeitete nun daran, numerische Voraussagen darüber zu finden, was beim Aufeinanderprallen von Teilchen wie Elektronen oder Atomen vor sich geht. Bei der Beschreibung solcher Kollisionen wird in der Physik der Begriff »S-Matrix« (wobei das S für »Streuung« steht) verwendet, hiermit ist ein Satz von Zahlen gemeint, der alle Informationen über die Vorgänge bei Teilchenkollisionen enthält. So gibt die S-Matrix an, wieviel Teilchen in einem bestimmten Winkel mit einer bestimmten Energiemenge gestreut werden.

Die Berechnung der S-Matrix ist von außerordentlicher Wichtigkeit; wäre sie bis ins letzte bekannt, ließen sich praktisch alle Eigenschaften der Materie voraussagen.

Die S-Matrix ist auch deshalb von Bedeutung, weil sie alltägliche, aber rätselhafte Phänomene erklärt. So waren im 19. Jahrhundert Physiker erstmals imstande, anhand einer groben Form der S-Matrix für die Streuung des Sonnenlichts in der Luft zu erklären, warum der Himmel blau und der Sonnenuntergang rot ist.

Tagsüber sehen wir am Himmel hauptsächlich Sonnenlicht, das mit Luftmolekülen zusammengestoßen ist und das dabei in alle Richtungen in der Atmosphäre gestreut wurde. Da das Licht, das schließlich zur Erde dringt, überwiegend gestreutes Licht ist, und da der blaue Anteil des Lichts leichter gestreut wird als der rote, erscheint der Himmel blau. (Dagegen wäre der Himmel in einer Welt ohne Luft auch tagsüber vollkommen dunkel, denn es gäbe kein Streulicht. Auf dem

Mond zum Beispiel, der keine Atmosphäre hat, erscheint der Himmel auch am Tage pechschwarz.)

Der Sonnenuntergang dagegen sieht aufgrund des entgegengesetzten Effekts rot aus: Das direkte Sonnenlicht enthält alle Spektralfarben von blau bis rot. Bei Sonnenuntergang befindet sich die Sonne in der Nähe des Horizonts; das Licht der untergehenden Sonne durchquert horizontnahe, dichte Atmosphärenschichten, und zwar über eine relativ lange Strecke, bis es in unser Auge fällt. Wenn es uns schließlich erreicht, bleibt hauptsächlich der rote Anteil übrig, weil dieser kaum gestreut wird.

Auf ähnliche Weise konnten Quantenphysiker, die in den dreißiger Jahren die S-Matrix für kollidierende Wasserstoff- und Sauerstoffatome berechneten, zeigen, daß dabei Wasser entsteht. Wenn die S-Matrix für sämtliche Kollisionen zwischen den Atomen bekannt wäre, könnten wir im Prinzip die Bildung aller Moleküle, einschließlich des DNA-Moleküls voraussagen. In letzter Konsequenz liegt in der S-Matrix der Schlüssel zum Verständnis für den Ursprung des Lebens.

Das größte Problem bestand für die Physiker jedoch nach wie vor in der Tatsache, daß die Quantenmechanik sich nicht auf hohe Geschwindigkeiten anwenden läßt. Schon 1930 stellte Robert Oppenheimer fest, daß die Quantenmechanik in Verbindung mit der Speziellen Relativitätstheorie lediglich eine sinnlose Reihe von Unendlichkeiten für die S-Matrix voraussagte; traurig konstatierte er, daß die Theorie beiseite gelegt werden müsse, es sei denn, es gelänge, diese Unendlichkeiten aus der Welt zu schaffen.

Im Jahr 1940 nahm Feynman sein gesamtes Safeknacker-Know-how zusammen, kritzelte auf Papierfetzen herum und skizzierte, was beim Zusammenprall von Elektronen passiert. Doch was wie Gekritzel aussah, lief in Wirklichkeit auf eine schier unglaubliche Fülle von Berechnungen hinaus, die er in einer Art Kurzschrift notiert hatte. Auf diese Weise konnte Feynman Hunderte von Seiten mit Algebra kondensiert darstellen, was normalerweise Monate mühseligster Arbeit erfordert hätte, und die lästigen Unendlichkeiten isolieren. Seine mathematischen ›Kritzeleien‹ ermöglichten es ihm, weiter zu sehen als jene, die sich in einem Dschungel komplexer mathematischer Systeme verloren hatten.

Wie zu erwarten, wurden die »Feynman-Diagramme« von den Physikern kontrovers aufgenommen; man war sich uneins, was davon zu halten sei. Da Feynman seine Regeln nicht ableiten konnte, hielten seine Kritiker die Diagramme für dummes Zeug oder auch für einen seiner berühmten Scherze. Zum Teil wandten sich seine Kritiker einer anderen Version der QED zu, die von Julian Schwinger von der Harvard University und Shinichiro Tomonaga in Tokio entwickelt worden war. Doch die aufgeschlosseneren Physiker merkten, daß Feynman mit seinen Bildern einer bedeutenden Sache auf die Spur gekommen war. Der Physiker Freeman Dyson aus Princeton analysierte die Verwirrung so:

> Der Grund, weshalb Dicks Physik für normale Leute so schwierig zu verstehen war, liegt darin, daß er nicht mit Gleichungen arbeitet. Seit Newton geht man in der theoretischen Physik so vor, daß zunächst ein paar Gleichungen aufgeschrieben werden, um dann, im nächsten Schritt, Lösungen für diese Gleichungen zu suchen [...] Dick schrieb einfach nur die Lösungen aus dem Kopf auf, ohne jemals die Gleichungen aufgestellt zu haben. Er hatte ein physikalisches Bild der Abläufe vor Augen, und dieses Bild gab ihm die Lösungen direkt mit einem Minimum an Berechnung. Es ist kein Wunder, daß das die Leute, die ihr Leben damit verbracht hatten, Gleichungen zu lösen, vor den Kopf stößt. Ihr Hirn arbeitet analytisch, seines bildlich.[2]

Feynmans Gekritzel war wichtig, weil er damit die ganze Leistungsfähigkeit der Eichsymmetrie voll ausschöpfen konnte; die Eichsymmetrie löste eine Revolution in der Physik aus, die bis auf den heutigen Tag anhält.

»Tinker Toys« und Feynman-Diagramme

An einer Analogie mit einem Spielbaukasten (den amerikanischen »Tinker Toys«) läßt sich die Methode der Feynman-Diagramme recht gut verdeutlichen. Die Spielzeugteilchen haben die Form verschiedener Stäbchen und Verbindungsstücke. In der Analogie stehe ein gerades Teil für ein Elektron in Bewegung, ein gewelltes Teil für ein Photon in Bewegung und ein Zwischenstück, das die geraden und wellenförmigen Stäbchen miteinander verbinden kann, für die Wechselwirkungen.

Nun verbinden wir diese Baukastenteile auf jede erdenkliche Art miteinander. Für den Anfang lassen wir beispielsweise zwei Elektronen aufeinanderprallen. Wir können dann eine riesige Anzahl von Diagrammen basteln, die beschreiben, wie zwei Elektronen miteinander kollidieren:

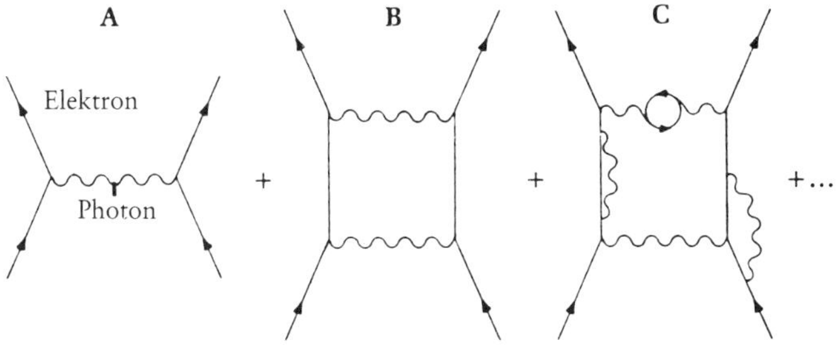

Nach Feynmans Theorie tauschen zwei kollidierende Elektronen (dargestellt durch zwei gerade Stäbchen) Photonen (dargestellt durch gewellte Stäbchen) aus. Die kollidierenden Elektronen im Diagramm A tauschen nur ein Photon aus; in Diagramm B sind es zwei Photonen, die ausgetauscht werden, und in Diagramm C mehrere.

Mit ein wenig Übung kann auch jemand, der völlig unerfahren ist und von Physik nichts versteht, Hunderte solcher Diagramme basteln und damit die Kollision zweier Elektronen beschreiben.

Natürlich sind diese Diagramme nicht wirklich so einfach.

Es gibt eine praktisch unendliche Anzahl davon, und jedes repräsentiert eine definitive mathematische Größe, die zusammen die S-Matrix ergeben.

Letztlich lassen sich zwei Arten von Diagrammen basteln: »Schleifen«, so wie im Diagramm C dargestellt, und »Bäume«, die keine Schleifen enthalten, sondern eher den Zweigen eines Baumes ähneln, so wie Diagramm A.

Feynman fand heraus, daß diese Bäume endliche Größen ergaben, und konnte damit gute experimentelle Ergebnisse erzielen. Doch die Schleifendiagramme bereiteten ihm Sorgen, denn sie führten nur zu bedeutungslosen unendlichen Werten, mit denen nichts anzufangen war.

Die Schleifendiagramme waren allerdings nur deshalb divergent, weil sie noch immer auf der Theorie der Punktpartikel basierten. Im Grunde stießen die Quantenphysiker der vierziger Jahre wieder auf ein Problem, das bereits den Physikern des 19. Jahrhunderts Ärger gemacht hat, nämlich daß sich die Energie eines Punktpartikels als unendlich groß erwies.

Heute kann die Superstring-Theorie sehr wahrscheinlich alle diese Divergenzen beseitigen, nicht nur die der Elektronen und Photonen, sondern auch die der Gravitations-Wechselwirkungen. Doch es war Feynman, der in den vierziger Jahren eine Teillösung für das Problem der Unendlichkeiten in der Quantenelektrodynamik gefunden hatte.

Feynmans Lösung war völlig neuartig, aber auch widersprüchlich. QED ist eine Theorie, die zwei Parameter besitzt – die Ladung und die Masse des Elektrons. Dank der Maxwellschen Gleichungen*, die zusätzlich zur speziellen Relati-

* Eine Wellengleichung ist in jedem Punkt in Raum und Zeit definiert. Wenn die Gleichung unverändert gegenüber der gleichen Rotation an jedem Punkt in Raum und Zeit bleibt, dann hat sie eine globale Symmetrie. Wenn jedoch die Gleichung unverändert bleibt, wenn wir eine unterschiedliche Rotation an jedem Punkt in Zeit und Raum durchführen, besitzt sie eine komplexere Symmetrie, die sogenannte lokale oder Eich-

vität noch eine weitere Symmetrie, die sogenannte Eichsymmetrie, besitzen, konnte Feynman Diagramme umgruppieren und fand so schließlich heraus, daß sich Ladung und Masse eines Elektrons einfach definieren lassen und damit die Unendlichkeiten absorbiert oder ausgeschaltet werden können.

Dieses Jonglieren mit unendlichen Größen stieß zunächst auf allergrößte Skepsis. Schließlich bedeutete es nichts weniger, als daß die ursprüngliche Masse und Ladung des Elektrons (die »reine« Masse und Ladung) zunächst unendlich waren, dann jedoch die Unendlichkeiten, die in den Graphiken sichtbar wurden, absorbierten (d. h. renormierten) und dadurch selbst zu endlichen Größen wurden.

Kann unendlich minus unendlich zu einem sinnvollen Ergebnis führen? (Oder, in der Sprache der Mathematik, kann $\infty - \infty = 0$ gelten?)

Feynmans Kritiker hielten die Methode, ein Bündel von unendlichen Größen (die sich aus den Schleifen ergaben) durch ein anderes auszuschalten, für einen Kunstgriff und ganz und gar nicht für einen fundamentalen Schritt zur Verbindung von Quantenmechanik und Relativitätstheorie. Dirac etwa kritisierte die Renormierungstheorie jahrelang als zu schwerfällig, um wirklich zu einem größeren Verständnis der Natur beitragen zu können. Für Dirac war die Renormierungstheorie einem Falschspieler vergleichbar, der noch schnell seine gezinkten Karten – die Feynman-Diagramme – einsammelt, bevor die Karten mit den Unendlichkeiten auf mysteriöse Weise verschwinden.

Dirac sagte einmal: »Dies ist einfach keine vernünftige Mathematik. Zu vernünftiger Mathematik gehört es, eine Quantität zu ignorieren, wenn sie zu klein ist – aber nicht, wenn sie unendlich groß ist und man das nicht will.«[3]

symmetrie. Wir wissen jetzt, daß sich mit Hilfe der Eichsymmetrie die unerwünschten Eigenschaften der Quantenfeldtheorie wahrscheinlich eliminieren lassen.

Doch die experimentellen Ergebnisse ließen sich nicht widerlegen.

In den fünfziger Jahren konnten Physiker anhand Feynmans neuer Renormierungstheorie (mit der Unendlichkeiten ausgeschaltet werden konnten) die Energieniveaus des Wasserstoffatoms mit unglaublicher Präzision berechnen. Keine andere Theorie kam auch nur annähernd zu solch phantastisch genauen Ergebnissen wie die QED. Obwohl die Theorie nur auf Elektronen und Photonen angewendet werden konnte (und nicht auf die schwache und starke Wechselwirkung oder die Schwerkraft), war sie ein unbestrittener und erstaunlicher Erfolg.

Nachdem deutlich wurde, daß Feynmans Version gleichwertig neben der von Schwinger und Tomonaga rangierte, erhielten alle drei Physiker 1965 den Nobelpreis, weil es ihnen gelungen war, die Unendlichkeiten in der QED zu beseitigen. Rückblickend wissen wir, daß die eigentliche Errungenschaft darin lag, Maxwells Eichsymmetrie zu nutzen; dieser Eichsymmetrie war es hauptsächlich zu verdanken, daß die Unendlichkeiten in der QED beseitigt werden konnten. Das Zusammenspiel von Symmetrie und Renormierung, das überall auftaucht, ist eines der großen Rätsel in der Physik.

Diesen leistungsfähigen Symmetrien hat die Superstring-Theorie, die mehr Symmetrien aufweist, als jemals zuvor in der Physik gefunden wurden, ihre einzigartigen Eigenschaften zu verdanken.

Das Versagen der Renormierungstheorie

In den fünfziger und sechziger Jahren galten die von Feynman aufgestellten Regeln als das Nonplusultra in der Physik. Die Tafeln der angesehensten Forschungslaboratorien waren auf einmal nicht mehr, wie sonst üblich, mit Gleichungen übersät, sondern präsentierten hübsche Bilder mit Bäumen und Schleifen. Auf einmal kritzelte alles fachmännisch auf Zetteln herum und bastelte Diagramme.

Wenn die Feynmanschen Regeln und die Renormierungstheorie sich so erfolgreich auf die Quantenelektrodynamik anwenden ließen – so die Argumentation unter Physikern –, warum sollte der Blitz der Erkenntnis dann nicht ein zweites Mal einschlagen und die starken und schwachen Kräfte »renormieren«?

Doch die fünfziger und sechziger Jahre waren eine verwirrende, von falschen Anfängen geprägte Zeit. Die starken und schwachen Wechselwirkungen ließen sich auch mit Feynmans Regeln nicht renormieren. Da man sich nicht über die Bedeutung der Eichsymmetrie im klaren war, führte die Arbeit der Physiker erfolglos in Hunderte von Sackgassen.

Nach zwei chaotischen Jahrzehnten gelang schließlich der Durchbruch bei den schwachen Wechselwirkungen. Beinah ein Jahrhundert nachdem die Maxwellschen Gleichungen formuliert worden waren, kam man der Vereinheitlichung der Naturkräfte einen weiteren Schritt näher. Und wieder einmal lag des Rätsels Lösung in den Eichsymmetrien.

Renormierung und schwache Wechselwirkungen

Die schwachen Wechselwirkungen bestimmen das Verhalten der Elektronen und ihrer Partner, der »Neutrinos«. (Schwach wechselwirkende Teilchen werden unter dem Begriff »Leptonen« zusammengefaßt.) Von allen Teilchen des Universums ist das Neutrino vielleicht das merkwürdigste. Es enthält keine Ladung und wahrscheinlich keine Masse, und es ist außerordentlich schwer aufzuspüren.

Die Neutrinos wurden schon 1930 von Wolfgang Pauli aus rein theoretischen Gründen postuliert, als er eine Erklärung für den seltsamen Energieverlust beim radioaktiven Zerfall suchte. Pauli mutmaßte, daß ein neues Teilchen, das in den Experimenten nicht sichtbar wurde, für die fehlende Energie verantwortlich war.

1933 veröffentlichte der berühmte italienische Physiker Enrico Fermi die erste umfassende Theorie über diese Teilchen, die er »Neutrinos« nannte (»Kleine neutrale Teilchen«). Seine Meinung über die Neutrinos erschien jedoch so spekulativ, daß die britische Zeitschrift ›Nature‹ es zunächst einmal ablehnte, seinen Artikel zu veröffentlichen.

Neutrino-Experimente sind naturgemäß schwierig, da Neutrinos alle Materie durchdringen können, ohne Spuren zu hinterlassen. Sie können z. B. ohne weiteres durch die Erde dringen. Jede Sekunde wird unser Körper von zahllosen Neutrinos ›durchlöchert‹.

Neutrinos können an einer Stelle in die Erde eindringen, das Erdinnere durchstoßen und an der gegenüberliegenden Stelle wieder herauskommen. Selbst wenn unser gesamtes Sonnensystem aus massivem Blei bestünde, würden einige Neutrinos diese Barriere überwinden.

Die Existenz der Neutrinos wurde 1953 in einem sehr schwierigen Experiment endgültig bestätigt, in dessen Verlauf auch die enorme Strahlung erforscht wurde, die in Kernreaktoren erzeugt wird. Seit der Entdeckung der Neutrinos wurde immer wieder versucht, eine praktische Anwendung für diese Teilchen zu finden. Der ehrgeizigste Versuch sollte der Bau eines »Neutrinoteleskops« sein.

Mit einem Neutrinoteleskop könnte man Hunderte von Kilometern in massives Felsgestein eindringen, wobei vielleicht wertvolle Mineral- und Ölvorkommen entdeckt würden. Mit ihrer Eigenschaft, die Erdkruste und den Erdmantel zu durchdringen, könnte man möglicherweise den Ursprung von Erdbeben entdecken, sie voraussagen und damit viele Menschenleben retten. Die Idee eines Neutrinoteleskops wäre großartig, wenn da nicht ein Haken wäre: Wo ist der Film, mit dem man Neutrinos festhalten könnte? Ein Teilchen, das Billionen Tonnen Gestein durchdringen kann, hätte wohl kaum irgendwelche Schwierigkeiten, auch einen Film zu durchdringen.

(Eine andere Vorstellung wäre die Erfindung der »Neutrinobombe«, dem Physiker Heinz Pagels zufolge die potentielle Lieblingswaffe von Pazifisten: »Eine solche Bombe, die mindestens so teuer wäre wie eine konventionelle Atombombe, würde mit einem leichten Zischen explodieren und ihr Ziel mit einer Neutrinowelle überfluten. Nachdem jeder zu Tode erschrocken wäre, würden die Neutrinos durch alles hindurchfliegen, ohne Schaden anzurichten«).[4]

Zusätzlich zum Neutrino wurden noch weitere schwach wechselwirkende Teilchen, wie zum Beispiel das »Myon« gefunden, und das Mysterium der schwachen Wechselwirkungen wurde zusehends undurchschaubarer. Als man das Myon im Jahr 1937 auf Photos der kosmischen Strahlung entdeckte, sah es genau wie ein normales Elektron aus, doch es war zweihundertmal schwerer. Es war und blieb im Grunde einfach ein »schweres Elektron«, wenn auch die Tatsache, daß das Elektron einen, wenn auch schwereren, sonst aber nutzlosen Zwilling haben sollte, die Physiker sehr verstörte. Warum hatte die Natur eine Kopie des Elektrons erschaffen? Reichte ihr das Original nicht aus? Als der Physiker und Nobelpreisträger Isidor Isaac Rabi von der Columbia-Universität von der Entdeckung dieses redundanten Teilchens hörte, rief er aus: »Wer hat das bestellt?«

Und um alles noch komplizierter zu machen, fanden Physiker im Jahre 1962 bei ihren Experimenten mit dem Teilchenbeschleuniger in Brookhaven, Long Island, heraus, daß auch das Myon seinen eigenen Partner hatte, das Myon-Neutrino. Die Dinge gerieten schließlich völlig außer Kontrolle, als 1977-78 Experimente an der Stanford University und in Hamburg zeigten, daß es noch ein weiteres redundantes Elektron gab, dessen Masse 350mal so schwer ist wie die des Elektrons; man taufte es das »Tau«-Teilchen, das wiederum seinen eigenen Partner hatte, das Tau-Neutrino. Nun gab es drei Arten von Elektronen, jedes mit seinem eigenen Neutrino, jedes – vom Gewicht abgesehen – mit den anderen identisch. Das Vertrauen der Physiker in die Einfachheit der Natur war durch die Existenz dreier redundanter Paare oder Leptonen-»Familien« ernsthaft erschüttert.

In Anbetracht der Schwierigkeiten mit den schwachen Welchselwirkungen verlegten sich die Physiker auf ein zeitsparendes Verfahren, indem sie bei der Formulierung neuer Theorien auf Analogien zu älteren Theorien zurückgriffen. Da die Quantenelektrodynamik die Kraft, die zwischen Elektronen wirksam ist, als Photonenaustausch erklärte, folgerten sie, daß die Kraft zwischen Elektronen und Neutrinos vom Austausch eines neuen Teilchens verursacht wurde, dem »W«-Teilchen (w = schwach für das englische »weak«).

Die daraus resultierende Theorie (mit Elektronen, Neutrinos und W-Teilchen) kann wiederum anhand von drei Spielzeugteilen erklärt werden: einem geraden Stück (dem Elektron), einem gepunkteten Stück (dem Neutrino) und einer Spirale (dem W-Teilchen), sowie einer gegenseitigen Wechselwirkung. Wenn Elektronen mit Neutrinos zusammenstoßen, tauschen sie ein W-Teilchen aus:

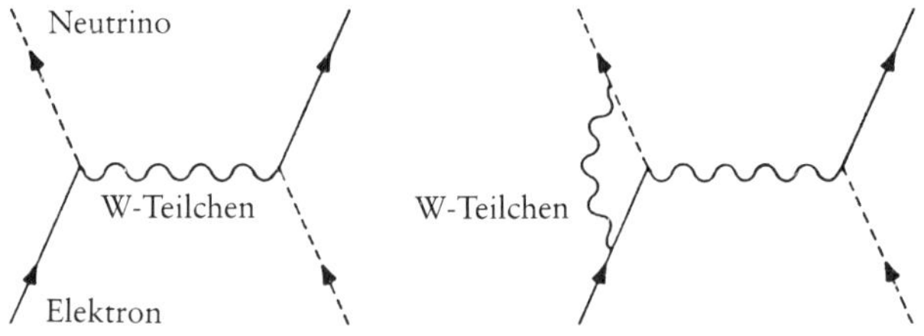

Nach der W-Teilchen-Theorie kollidiert ein Elektron (das gerade Stück) mit einem Neutrino (dem gepunkteten Stück) und tauscht dabei eine Reihe von W-Teilchen aus (Wellenlinien).

Wiederum kann man mit ein wenig Übung Hunderte von Feynman-Diagrammen erstellen und damit den Prozeß der schwachen Wechselwirkung durch den Austausch von W-Teilchen darstellen.

Doch leider war diese Theorie nicht renormierbar. Wie geschickt man auch Feynmans Wundermittel nutzte, die Unendlichkeiten ließen sich nicht beseitigen. Dabei lag die Schwierigkeit durchaus nicht in den Regeln, die Feynman aufgestellt hatte, sondern die W-Teilchen-Theorie selbst hatte fundamentale Schwächen. (Heute kennt man den Grund: Der W-Teilchen-Theorie fehlen die Eichsymmetrien der Maxwellschen Gleichungen.)

Als Folge fristete die Theorie drei Jahrzehnte lang ein kümmerliches Dasein. Nicht nur war die Durchführung von Experimenten schwierig (wegen der kaum nachweisbaren Neutrinos), die ganze W-Teilchen-Theorie war samt und sonders inakzeptabel. Jahrzehntelang bastelten Physiker an ihr herum, ohne jemals einen nennenswerten Erfolg zu erzielen.

Der Erfolg der elektroschwachen Theorie

In den Jahren 1967-68 stellten Steven Weinberg, Abdus Salam und Sheldon Glashow eine erstaunliche Ähnlichkeit zwischen Photonen und W-Teilchen fest und zogen daraus den folgenden Schluß: Zwar hatte Einstein versucht, das Licht mit der Schwerkraft zu verbinden, vielleicht war jedoch die Verbindung des Photons mit dem W-Teilchen der schwachen Wechselwirkungen das richtige Vereinigungsmodell.

Diese neue W-Teilchen-Theorie, »elektroschwache Theorie« genannt, unterschied sich grundlegend von früheren W-Teilchen-Theorien, denn sie nützte die am weitesten entwickelte Form der Eichsymmetrie, die damals verfügbar war, die Yang-Mills-Theorie. Sie war 1954 formuliert worden und besaß mehr Symmetrien, als Maxwell sich je hätte träumen lassen (im Kapitel 6 kommen wir auf diese Theorie zurück).

Die Yang-Mills-Theorie enthielt eine neue Symmetrie (mathematisch dargestellt als SU(2)xU(1), mit der es Weinberg und Salam gelang, die schwachen und die elektromagnetischen Kräfte zu vereinigen. Nach dieser Theorie waren das Elektron und das Neutrino zwei Seiten ein und derselben Medaille, und sie wurden demzufolge symmetrisch als eine »Familie« behandelt. (Allerdings konnte diese Theorie die Existenz der drei redundanten Elektronenfamilien nicht erklären.)

Zwar war das Yang-Mills-Modell die ehrgeizigste und fortschrittlichste Theorie ihrer Zeit, doch sie hatte auch ein paar Kritiker unter den Physikern, die befürchteten, daß sie nicht renormierbar sei, das hieß, mit dem Makel von Unendlichkeiten behaftet, und deshalb wie ihre Vorgänger in einer Sackgasse enden würde.

Weinberg hatte in seiner ersten Veröffentlichung darauf hingewiesen, daß die Yang-Mills-Theorie der W-Teilchen wahrscheinlich renormierbar sei, doch man glaubte ihm nicht.

All dies änderte sich im Jahr 1971. Nach dem drei Jahrzehnte dauernden Kampf mit den Unendlichkeiten in der W-Teilchen-Theorie kam schließlich der dramatische Durchbruch, als ein vierundzwanzigjähriger holländischer Student, Gerard 't Hooft, nachweisen konnte, daß die Yang-Mills-Theorie tatsächlich renormierbar ist. Zur doppelten Überprüfung seiner These – daß die unendlichen Werte eliminiert werden konnten – prüfte 't Hooft seine theoretischen Überlegungen mit Hilfe des Computers. Man kann sich gut die Spannung vorstellen, mit der 't Hooft die Computerergebnisse abwartete. Später erinnerte er sich: »Die Ergebnisse des Tests standen im Juli 1971 fest; das Resultat war eine ununterbrochene Reihe von Nullen. Jeder unendliche Wert war beseitigt worden.«[5] In der Welt der Physik brach ein wahrer Tumult aus.

Innerhalb von wenigen Monaten konnten Hunderte von Physikern die Technik von 't Hooft und die Theorie von

Weinberg und Salam gar nicht schnell genug lernen. Zum ersten Mal führte eine Theorie für die Berechnung der S-Matrix auf reelle Zahlen und nicht auf unendliche Größen. In den Jahren zuvor, von 1968 bis 1970, hatte nicht ein einziger Physiker eine Arbeit über die Weinberg-Salam-Theorie geschrieben. Nachdem die Konsequenzen im Jahr 1973 jedoch erkannt waren, erschienen 162 Arbeiten, die diese Theorie zum Inhalt hatten.

Bis auf den heutigen Tag ist noch immer nicht ganz klar, wie die Symmetrien der Yang-Mills-Theorie die Unendlichkeiten der früheren W-Teilchen-Theorie so vollständig ausschalten können. Zum einen liegt es am verblüffenden Zusammenspiel zwischen Symmetrie und Renormierung (das wir in Kapitel 6 ausführlich behandeln werden). Zum anderen war es auch eine Wiederauflage der Entdeckung, die von Physikern bei der Erforschung der QED bereits früher gemacht wurde: daß Symmetrien auf irgendeine Weise die Unendlichkeitswerte in einer Quantenfeldtheorie beseitigen können.

Glashow – der revolutionäre Anarchist

Steven Weinberg und Sheldon Glashow waren Klassenkameraden an der berühmten New Yorker Bronx High School of Science. Außerdem waren sie eng miteinander befreundet und schrieben Artikel für die Schülerzeitung des Science-fiction-Clubs. Die Bronx High School of Science hat drei Nobelpreisträger für Physik hervorgebracht – mehr als irgendeine andere höhere Schule in der Welt.

Steven Weinberg und Sheldon Glashow kamen zwar zu identischen Ergebnissen, was die Vereinheitlichung anbelangt, dennoch waren sie grundverschieden. Einer ihrer Freunde drückte es gegenüber der Zeitschrift ›The Atlantic Monthly‹ so aus: »Steven ist Monarchist, Shelly ein revolutionärer Anarchist. Steve arbeitet am besten allein. Shelly am besten mit anderen. Er ist ein Verrückter. Er kommt morgens mit vier oder fünf ausgefallenen Ideen, die meistens falsch sind, und erwartet, daß andere Leute sie ihm auseinandernehmen. Steve ist sensibel und zurückhaltend, Shelly dagegen äußerst gesellig [...]«[6] Doch in Glashows Verrücktheit lag Methode.

Glashow war vielleicht ein »revolutionärer Anarchist«, doch zu seinem Stil gehörte auch, daß er unablässig neue Ideen hervorsprudelte, viele davon verrückt und unmöglich, aber einige auch echte Durchbrüche in der Physik. Natürlich war er auf die Hilfe anderer angewiesen, die beim Aussortieren der nutzlosen Ideen halfen, aber er besaß einen kreativen Instinkt, der vielen Physikern fehlt. In der theoretischen Physik reicht es nicht aus, brillant zu sein. Man muß auch fähig sein, ganz neuartige, zum Teil bizarre Ideen zu entwikkeln, denn auch diese sind unabdingbar für den Prozeß wissenschaftlicher Entdeckungen.

Glashow liebte es auch, neue Teilchen zu erfinden, was die etablierten Physiker irritierte. Als er einmal ein besonders ausgefallenes Teilchen vorgestellt hatte, sagte sein Mitarbeiter Howard Georgi: »Das ist eben seine Art, am Establishment zu rütteln.«[7]

(Glashow hat auch den Ruf eines exzentrischen Professors. Als einer der beiden Autoren dieses Buches, Michio Kaku, die ersten Semester an der Harvard University studierte, belegte er bei Glashow einen Kurs in klassischer Elektrodynamik. Mitten im Schlußexamen, als alle Studenten über ihren Aufgaben brüteten, platzte Glashow heraus: »Oh, übrigens, die Aufgabe Nummer fünf kann ich allein nicht lösen. Falls einer von Ihnen eine Antwort findet, möchte er es mir bitte sagen.« Die Studenten waren wie vom Donner gerührt.)

In der Rede anläßlich der Annahme des Nobelpreises, den er im Jahr 1979 für seine elektroschwache Theorie erhielt, sprach Glashow darüber, wie spannend es war, die Vereinigung der subatomaren Kräfte mit eigenen Augen mitanzusehen: »Als ich 1956 mit der theoretischen Physik begann, war das Studium der Elementarteilchen mit einem Flickenteppich vergleichbar. Die Elektrodynamik, die schwache Wechselwirkung und die starke Wechselwirkung waren klar voneinander getrennte Disziplinen, die getrennt gelehrt und getrennt gelernt wurden. Es gab keine kohärente Theorie, die sie alle beschrieb. Die Zeiten haben sich geändert. Heute haben wir eine Standardtheorie der Elementarteilchenphysik, in der sich starke, schwache und elektromagnetische Wechselwirkungen von einem (einzigen) Prinzip ableiten lassen [...] Die heutige Theorie ist ein integrales Kunstwerk: der Flickenteppich ist zu einem Gobelin geworden.«[8]

Mesonen und die starke Kraft

Berauscht vom großen Erfolg der elektroschwachen Theorie, richteten die Physiker nun ihr Augenmerk darauf, auch das Problem der starken Kernkraft zu lösen. Würde der Blitz der Erkenntnis ein drittes Mal einschlagen?

Mit Hilfe der Eichsymmetrie war es gelungen, die Divergenzen in der Quantenelektrodynamik und der elektroschwachen Theorie auszumerzen. Würde sie auch die unendlichen Größen in der starken Wechselwirkung beseitigen können? Die Antwort war ja, aber ihr ging eine jahrzehntelange Periode großer Irritation voraus.[9]

Die Anfänge der Theorie der starken Wechselwirkung gehen auf das Jahr 1935 zurück, als der japanische Physiker Hideki Yukawa ein neues Modell vorschlug, wonach Protonen und Neutronen im Atomkern durch eine neue Kraft zusammengehalten werden, die durch den Austausch von Teilchen, der »Pi-Mesonen«, erzeugt wird. Yukawas Theorie basierte auf dem analogen Prozeß in der QED, bei dem das Atom durch den Austausch von Photonen zwischen Elektronen und Atomkern zusammengehalten wird. Er sagte sogar die Masse dieser hypothetischen Teilchen voraus.

Yukawa vertrat als erster die Auffassung, daß die Naturkräfte mit kurzer Reichweite durch den Austausch massereicher Teilchen erklärt werden könnten. Seine Einführung der Mesonen bereitete den Boden für die Voraussage der W-Teilchen, die einige Jahre später als Träger der schwachen Kraft entdeckt wurden.

Im Jahr 1947 gelang es dem englischen Physiker Cecil Powell, das Meson bei seiner Analyse der kosmischen Strahlung experimentell nachzuweisen. Die Mesonenmasse stimmte fast völlig mit der überein, die Yukawa zwölf Jahre zuvor vorausgesagt hatte. 1949 wurde Yukawa für seine Pionierarbeit, die das Geheimnis der starken Kraft entschlüsselt hatte, mit dem Nobelpreis ausgezeichnet; Powell erhielt den Nobelpreis im folgenden Jahr.

Die Meson-Theorie war zwar recht erfolgreich (und außerdem renormierbar), doch das letzte Wort war noch lange nicht gesprochen. In den fünfziger und sechziger Jahren entdeckten Physiker bei Experimenten mit Teilchenbeschleunigern Hunderte von verschiedenen stark wechselwirkenden Teilchen, heute »Hadronen« genannt (zu denen sowohl das Meson als auch andere, stark wechselwirkende Teilchen wie das Proton und das Neutron gehören).

Diese ständig wachsende Zahl von unterschiedlichen Hadronen stürzte die Physiker in tiefe Verlegenheit. Niemand konnte erklären, warum die Natur beim Studium der subatomaren Welt immer schwieriger statt einfacher wurde. Wie unkompliziert waren dagegen die dreißiger Jahre gewesen, als sich das gesamte Universum aus nur vier Teilchenarten und zwei Kräften (d. h. aus Elektron, Proton, Neutron, Neutrino sowie elektromagnetischer und Schwerkraft) zusammenzusetzen schien. Die Zahl der verschiedenen Elementarteilchen sollte per definitionem klein sein, doch in den fünfziger Jahren wurde die Physik von neu entdeckten Hadronen buchstäblich überschwemmt. Ganz offensichtlich war eine neue Theorie erforderlich, um so etwas wie Ordnung in das Chaos zu bringen.

Nobelpreisträger Enrico Fermi stöhnte angesichts der Überflutung mit immer neuen Hadronen, jedes mit einem seltsam klingenden griechischen Namen: »Wenn ich mir die Namen aller dieser verschiedenen Teilchen merken könnte, wäre ich Botaniker geworden.«[10]

Und Robert Oppenheimer schlug spaßeshalber vor, den nächsten Nobelpreis dem Physiker zu verleihen, der ein Jahr lang kein neues Teilchen entdeckt hatte.

1958 war die Zahl der stark wechselwirkenden Teilchen so drastisch gestiegen, daß Physiker der University of California in Berkeley einen Almanach veröffentlichten, um den jeweils letzten Stand zu verzeichnen. Der erste Almanach bestand aus neunzehn Seiten und hatte sechzehn Teilchen kategorisiert; bis 1960 war ihre Zahl so drastisch angestiegen, daß ein erheblich erweiterter Almanach veröffentlicht wurde, der eine Einstecktabelle enthielt. Im Almanach des Jahres 1984 waren über zweihundert Teilchen auf 304 Seiten aufgeführt. Die Yukawa-Theorie war zwar renormierbar, aber noch zu grob, um diesen Teilchenzoo, der sich weiterhin aus den Laboratorien ergoß, erklären zu können. Renormierbarkeit allein reichte offensichtlich nicht aus. Was fehlte, war die Symmetrie. Wie bereits erwähnt, fehlten im W-Teilchen-Modell die Eichsymmetrien der Yang-Mills-Theorie. Nach jahrzehntelangen Irrwegen zeigte sich, daß auch für die starke Kraft Eichsymmetrien erforderlich waren.

Welten in den Welten

Auf der Suche nach einer Analogie fühlten sich die Physiker an die Konfusion erinnert, von der die Chemie im 19. Jahrhundert geprägt war: Damals war die Frage, wie die Milliarden bekannter chemischer Verbindungen in eine sinnvolle Ordnung gebracht werden könnten. Der erste Durchbruch gelang im Jahre 1869, als der russische Chemiker Dmitrij Mendelejew und der Deutsche Julius Lothar Meyer unabhängig voneinander herausfanden, wie sich alle diese Verbindungen auf eine Reihe einfacher Elemente zurückführen lassen und in einem Schema geordnet werden können, dem Meyer-Mendelejewschen periodischen System der chemischen Elemente. Dieses System, das heute jeder Schüler im Chemieunterricht kennenlernt, brachte plötzlich Ordnung in das Chaos.

Damals kannte man lediglich sechzig Elemente (heute sind über hundert bekannt). Mendelejew konnte aufgrund der Einsicht in das System die Existenz und die Eigenschaften neuer, bis dahin noch unentdeckter Elemente voraussagen. Die Brillanz des Systems wurde schließlich bestätigt, als diese Elemente dann tatsächlich entdeckt wurden und genau mit den Voraussagen übereinstimmten.

In den dreißiger Jahren zeigten Quantenphysiker, daß das periodische System selbst anhand von nur drei Teilchen, die den Gesetzen der Quantenmechanik gehorchten, erklärt werden konnte: dem Elektron, dem Proton und dem Neutron. Es war natürlich ein gewaltiger Sprung nach vorn, als sich Milliarden von chemischen Verbindungen auf nur etwa hundert Elemente bzw. drei Teilchen reduzieren ließen.

Die nächste Frage war: Würde sich die gleiche Methode auch auf die Hunderte von Hadronen anwenden lassen, die in den Laboratorien entdeckt wurden? Es mußte eine Symmetrie gefunden werden, die Ordnung schaffen konnte.

Eine Gruppe japanischer Physiker, angeführt von Shoichi Sakata von der Nagoya-Universität, lieferte schließlich in den fünfziger Jahren die ersten bedeutenden Hinweise. Die Sakata-Gruppe, die sich gern auf die philosophischen Arbeiten von Marx und Engels berief, vermutete, daß den Hadronen eine Unterschicht zugrunde läge (starke wechselwirkende

Teilchen), die sich aus noch kleineren subatomaren Teilchen zusammensetzt. Sakata zufolge sollten die Hadronen aus drei, die Mesonen aus zwei solchen Teilchen bestehen. Die Sakata-Gruppe postulierte sogar, daß diese Unterteilungen einer neuen Symmetrie, der SU(3), gehorchen, die mathematisch beschreibt, wie diese drei Grundbausteine sich in vielerlei Anordnungen zusammensetzen können. Die mathematische Symmetrie SU(3) erlaubte präzise mathematische Voraussagen über die den Hadronen zugrunde liegende Struktur.

Die Sakata-Schule argumentierte, daß Materie aus einer unendlichen Anzahl von Subschichten bestehe, eine Sichtweise, die manchmal als die Theorie der »Welten-in-den-Welten« oder die »Zwiebeltheorie« bezeichnet wird. Nach der Lehre des dialektischen Materialismus wird jede Schicht der physikalischen Realität durch die Wechselwirkung zwischen Polen erzeugt. So erzeugt die Wechselwirkung zwischen den Sternen die Galaxien; die Wechselwirkung zwischen den Planeten und der Sonne erzeugt das Sonnensystem; die Wechselwirkung zwischen den Atomen erzeugt die Moleküle, die Wechselwirkung zwischen den Atomkernen und den Elektronen erzeugt die Atome, und die Wechselwirkung zwischen Protonen und Neutronen erzeugt schließlich den Atomkern.

Die experimentellen Daten jener Zeit waren allerdings bei weitem nicht so genau, als daß diese Annahmen hätten verifiziert werden können. In den fünfziger Jahren wußte man zu wenig über die spezifischen Eigenschaften aller dieser exotischen Teilchen, um die Theorien der Sakata-Schule bestätigen oder verwerfen zu können. (Sakata war zwar auf der richtigen Spur, doch hatte er irrtümlicherweise angenommen, daß es sich bei den drei Elementarteilchen um das Proton, das Neutron und ein neues, Lambda genanntes Teilchen handele.)

Anfang der sechziger Jahre erfolgte der nächste Durchbruch, der den Glauben an eine Substruktur der Hadronen bestärkte. Murray Gell-Mann vom California Institute of Technology und der israelische Physiker Yuval Neéman fanden heraus, daß diese Hunderte von Hadronen in achtfacher Anordnung auftraten und damit dem Periodensystem ähnelten. Gell-Mann nannte dieses mathematische Modell den »achtfachen Weg«, in scherzhafter Anlehnung an den Buddhismus, in dem der »achtfache Weg« den Weg zur Weisheit beschreibt. Bei der Suche nach »Lücken« in dem Plan des »achtfachen Wegs« stieß Gell-Mann – wie schon Mendelejew vor ihm – auf die Existenz und sogar die Eigenschaften von Teilchen, die bisher noch unentdeckt waren.

Wenn jedoch der »achtfache Weg« mit dem Periodensystem vergleichbar war, was war der Gegenpart zum Elektron und zum Proton, aus denen nach dem Modell die Atome bestehen?

Später präsentierten Gell-Mann und George Zweig die komplette Theorie. Sie hatten entdeckt, daß der »achtfache Weg« auf der Existenz von subnuklearen Teilchen beruhte (die Gell-Mann »Quarks« taufte, mit einem Begriff aus dem Roman *Finnegans Wake* von James Joyce). Diese Teilchen gehorchten der SU(3)-Symmetrie, die von der Sakata-Schule bereits früher entdeckt worden war.

Gell-Mann wurde klar, daß sich durch das Kombinieren dreier Quarks die Hunderte von Teilchen erklären ließen, die man in den Labors gefunden hatte, und, was wichtiger war, er postulierte neue Teilchen. (Zwar ähnelte das Gell-Mann-Modell in vieler Hinsicht Sakatas Theorie, doch seine Kombinationen waren etwas anders, wodurch ein kleiner, aber bedeutsamer Fehler in der Sakata-Theorie berichtigt werden konnte.) Durch die richtigen Kombinationen dieser drei Quarks gelang Gell-Mann die Beschreibung praktisch sämtlicher in den Labors gefundenen Teilchen. Im Jahr 1969 erhielt Gell-Mann für seine Beiträge zur Physik der starken Wechselwirkungen den Nobelpreis.

Doch trotz der Erfolge des Quark-Modells blieb eine bohrende Frage bestehen: Wo war die befriedigende renormierbare Theorie, welche die Kraft erklären kann, die die Quarks zusammenhält? Die Quark-Theorie war noch immer unvollständig.

Die Quantenchromodynamik

Zu Beginn der siebziger Jahre hatte sich die Aufregung über die elektroschwache Theorie von Weinberg und Salam auf das Quarkmodell verlagert. Naturgemäß ergab sich die Frage, ob man nicht mit Hilfe von Symmetrien und des Yang-Mills-Felds die Divergenzen eliminieren könne.

Obwohl die Resultate noch nicht schlüssig sind, herrscht heute praktisch allgemeine Übereinstimmung darüber, daß die Yang-Mills-Theorie mit ihren vielseitigen Eigenschaften und ihrer Symmetrie die Quarks in einen renormierbaren Rahmen einbinden kann. Unter bestimmten Voraussetzungen kann das »Gluon«, ein Yang-Mills-Teilchen, sich wie eine klebstoffartige Substanz verhalten, die die Quarks aneinanderbindet. Man nennt dies die »Farbkraft«, und die daraus resultierende Theorie ist die Quantenchromodynamik (QCD), von der viele glauben, daß es die endgültige Theorie der starken Wechselwirkung sein könnte. Es gibt bereits Computerprogramme (für die größten Computer, die je gebaut wurden), die darauf hinweisen, daß das Yang-Mills-Feld tatsächlich die Quarks aneinanderbindet.

Bei dem Erfolg der Yang-Mills-Theorie und der QCD fragten sich die Physiker: »Kann die Natur tatsächlich derart einfach sein?« Damals waren sie wie vom Erfolg berauscht. Die magische Formel, die mit Hilfe der Eichsymmetrie (in der Form der Yang-Mills-Theorie) renormierbare Theorien produzierte, schien ein Rezept für den sicheren Erfolg zu sein.

Die nächste Frage war: Würde der Blitz der Erkenntnis ein viertes Mal einschlagen und eine vereinigte Theorie der starken, schwachen und elektromagnetischen Wechselwirkungen erzeugen? Wieder einmal schien es, als sei die Antwort ja.

GUTS und die Renormierung

Die einfachste Theorie für eine Zusammenfassung dieser Teilchen beruhte auf der Symmetrie SU(5) und wurde von Howard Georgi und Sheldon Glashow im Jahr 1974 in Harvard formuliert. In dieser »Großen Vereinheitlichten Theorie« (GUT, aus den Initialen der englischen Bezeichnung »Grand Unified Theory«) verbindet die SU(5)-Symmetrie das Elektron, das Neutron und die Quarks in einer Familie miteinander.

Entsprechend wurden auch die Photonen, die W-Teilchen der schwachen Wechselwirkung und die Gluonen der starken Wechselwirkung miteinander verbunden und stellten damit eine andere Kräftefamilie dar.

Die GUT läßt sich experimentell nur schwer nachweisen, da die zur Vereinigung der starken mit der elektroschwachen Wechselwirkung notwendigen Energien die Kapazität der heutigen Teilchenbeschleuniger übersteigen. Dennoch ist sie imstande, eine bemerkenswerte Voraussage zu machen, die mit der heute verfügbaren Technologie verifiziert werden kann.

Die Theorie postuliert, daß ein Quark sich in ein Elektron verwandeln kann, wobei es andere Teilchen aussendet. Das heißt natürlich, daß das aus drei Quarks bestehende Proton schließlich in Elektronen zerfällt und die Lebenszeit eines Protons endlich sein müßte. Diese Annahme – daß ein Proton schließlich in Elektronen zerfällt – hat weltweit Experimentalphysiker veranlaßt, diese bemerkenswerte Voraussage der GUT zu überprüfen. (Obwohl verschiedene Gruppen nach Beweisen des Protonenzerfalls mit tief in der Erde installierten Detektoren suchen, ist ein solches Ereignis noch nicht eindeutig identifiziert worden.)

Im Rückblick bestehen bei der GUT trotz ihrer bemerkenswerten Erfolge bei der Vereinigung der elektroschwachen mit der starken Kraft schwerwiegende experimentelle Probleme. Es ist zum Beispiel, abgesehen von Protonenzerfall-Experimenten, sehr schwierig, wenn nicht überhaupt unmöglich, die Voraussagen der GUT direkt nachzuweisen. Selbst der geplante Teilchenbeschleuniger SSC würde bestenfalls indirekt die Peripherie der Theorie überprüfen können.

Darüber hinaus ist das GUT-Modell auch theoretisch unvollständig; so liefert es beispielsweise keine Erklärung für das Vorhandensein der Kopien der Teilchenfamilien (zum Beispiel der Elektronen-, Myonen- und Tau-Familien). GUT ist außerdem von willkürlichen Konstanten übersät (so wie die Quarkmassen, die Leptonenmassen und die Anzahl der Higgs-Teilchen), so daß sich nach einer Weile der Eindruck verstärkt, die GUT habe Ähnlichkeit mit einer »Rube-Goldberg-Erfindung«.* Für einen Physiker ist es schwer zu glauben, daß eine fundamentale Theorie so viele ungeklärte Parameter haben kann. Doch trotz aller Probleme mit der GUT hoffte man, daß der Blitz ein fünftes Mal einschlagen würde. Würde eine simple Eichtheorie (wie die von Yang-Mills) zu einer Theorie der Schwerkraft führen? Die Antwort lautete eindeutig nein.

Trotz all ihrer Erfolge stieß die Eichtheorie auf Granit, wenn es um die Schwerkraft ging. Der Yang-Mills-Formalismus war noch zu primitiv, um die Schwerkraft zu erklären. Dies war der vielleicht schwerwiegendste Einwand gegen die GUT: daß sie trotz ihres Erfolgs außerstande war, die Wechselwirkungen der Schwerkraft mit einzuschließen.

Der Fortschritt schien zum Stillstand gekommen zu sein,

* Rube Goldberg, amerikanischer Cartoonist, dessen Geschichten von der Kompliziertheit des Einfachen handelten.

doch dann wurde eine brillante neue Idee geboren. Sie gründet sich auf Symmetrien, die noch umfassender sind als die der Yang-Mills-Theorie. Es ist die Superstring-Theorie.

II. Supersymmetrie und Superstrings

5. Die Geburt der Superstring-Theorie

Die Geschichte der Superstring-Theorie zeigt mehr Windungen als eine Achterbahn und ist wahrscheinlich die verrückteste Theorie in der Geschichte der Naturwissenschaft. Wo sonst gibt es eine Theorie, die erst als die Lösung zum falschen Problem vorgeschlagen wurde, dann über ein Jahrzehnt in Vergessenheit geriet, um plötzlich wieder als eine Theorie des Universums aufzuerstehen?

Die Idee der Superstrings tauchte in den stürmischen sechziger Jahren auf, noch vor der Blütezeit der Yang-Mills-Theorie und den Eichsymmetrien, als die Renormierungstheorie noch immer ergebnislos gegen das Problem der unendlichen Größen ankämpfte.

Damals hatte sich eine etwas künstlich und konstruiert wirkende Gegenreaktion zur Renormierungstheorie gebildet. Sie wurde von Geoffrey Chew von der University of California in Berkeley angeführt, dessen neue Theorie völlig unabhängig von Elementarteilchen, Feynman-Diagrammen und der Renormierungstheorie war.

Anstelle komplizierter Regeln, die anhand von Feynman-Diagrammen detailliert die Wechselwirkungen zwischen bestimmten Elementarteilchen mit anderen Teilchen beschrieben, forderte Chews Theorie lediglich, daß die S-Matrix (die mathematische Beschreibung von Teilchenkollisionen) selbstkonsistent, widerspruchsfrei sein müsse. Chews Theorie zufolge gehorcht die S-Matrix strengen mathematischen Gesetzen, deren Beschränkungen nur eine einzige Lösung zuließen. Mit diesem Ansatz, der als »Bootstrap-Theorie«*

* Der Begriff »Bootstraps« (Schnürriemen) hat sich mittlerweile auch im deutschsprachigen Raum eingebürgert und meint »sich selbst an den Haaren hochziehen«.

bezeichnet wird, erzeugen sich die Elementarteilchen gegenseitig quasi aus eigener Kraft.

Da Chews Modell ausschließlich auf der S-Matrix aufbaute und nicht auf Elementarteilchen oder Feynman-Diagrammen, nannte man es die »S-Matrix-Theorie« (nicht zu verwechseln mit der S-Matrix selbst, mit der alle Physiker arbeiten.)

Die S-Matrix-Theorie unterscheidet sich von der Quantenfeldtheorie hauptsächlich in ihrer Sichtweise der Elementarteilchen. Letztere geht davon aus, daß alle Materie im Prinzip auf einigen wenigen Gruppen von Elementarteilchen aufgebaut ist, während die S-Matrix-Theorie eine unendliche Anzahl von Teilchen postuliert, von denen keines elementar ist.

Rückblickend wird deutlich, daß die Superstring-Theorie jeweils die besten Eigenschaften dieser beiden unterschiedlichen Theorien miteinander verbindet.

Wie die Quantenfeldtheorie geht auch die der Superstrings von elementaren Einheiten der Materie aus – allerdings nicht von punktförmigen, sondern von fadenförmigen, die nach dem Bild der Feynman-Diagramme durch Teilung und Umformung miteinander in Wechselwirkung treten. Die Superstring-Theorie verfügt allerdings über den entscheidenden Vorteil, daß – anders als bei der Quantenfeldtheorie – die Notwendigkeit der Renormierung entfällt, weil alle Schleifendiagramme auf jeder Stufe wahrscheinlich selbst endlich sind und sich Kunstgriffe zur Beseitigung unendlicher Größen damit erübrigen.

Doch die Theorie hat durchaus auch Gemeinsamkeiten mit der S-Matrix-Theorie, denn sie kann ebenfalls eine unendliche Anzahl von »Elementarteilchen« unterbringen. Nach ihr handelt es sich bei der unendlichen Vielfalt der Teilchen lediglich um unterschiedliche Resonanzen desselben Strings, wobei kein Elementarteilchen »fundamentaler« ist als ein anderes. Die Superstring-Theorie ist der S-Matrix-

Theorie jedoch hauptsächlich darin überlegen, daß sie es möglich macht, numerische Werte für die S-Matrix zu berechnen.

Schließlich vereinigt die Superstring-Theorie die besten Eigenschaften beider Theorien, weil sie auf einem grundsätzlich anderen physikalischen Bild aufbaut.

Anders als die Quantenfeldtheorie, deren Entwicklung jahrelange geduldige Arbeit erforderte, wurde die Theorie der Superstrings im Jahr 1968 in erstaunlich kurzer Zeit entwickelt. Tatsächlich war es purer Zufall und nicht logische Konsequenz, daß die Idee von Superstrings auftauchte.

Die Antwort raten

Im Jahr 1968, als die S-Matrix-Theorie noch sehr in Mode war, stellten sich zwei junge Physiker vom Genfer Kernforschungszentrum CERN, Gabriele Veneziano und Mahiko Suzuki, die folgende Frage: Wenn die S-Matrix tatsächlich so vielen Einschränkungen unterliegt, kann man dann nicht einfach die Antwort raten?

Sie durchsuchten Tabellen mathematischer Funktionen, die von Mathematikern seit dem 18. Jahrhundert katalogisiert worden waren, und stießen schließlich zufällig auf die Beta-Funktion, eine wunderbare mathematische Formel, die von dem Schweizer Mathematiker Leonhard Euler erstmals im 18. Jahrhundert formuliert worden war. Als sie die Eigenschaften der Beta-Funktion überprüften, stellten sie zu ihrem allergrößten Erstaunen fest, daß sie automatisch fast allen Forderungen von Chews S-Matrix-Theorie gerecht wurde.[1]

Das war unglaublich! Konnte es so einfach sein? Lag die Lösung für die Physik der starken Wechselwirkungen, die die tiefsten Geheimnisse der Natur in sich bargen, in einer Formel, die vor über zweihundert Jahren von einem Mathematiker niedergeschrieben wurde?

Noch nie zuvor hatte es in der Geschichte der Wissenschaft etwas Vergleichbares gegeben. (Vielleicht stießen Veneziano und Suzuki deshalb auf die Beta-Funktion, weil sie noch zu jung waren, um sich durch die anfänglich relativ geringen ›Gewinnchancen‹ entmutigen zu lassen. Ein älterer und weniger unbefangener Physiker wäre vielleicht gar nicht erst auf die Idee gekommen, in alten Mathematikbüchern nach der Lösung zu suchen.)

Praktisch über Nacht wurde die Formel in der Welt der Physik zu einer Sensation; die S-Matrix-Theorie hatte offensichtlich über die Quantenfeldtheorie gesiegt. In einer Lawine von Arbeiten wurde versucht, die Beta-Funktion für die Daten, die aus den Teilchenbeschleunigern hervorquollen, zu verwerten und vielleicht auch das letzte verbleibende Postulat von Chew zu lösen, dem die Beta-Funktion nicht gehorchte: die Erhaltung der Wahrscheinlichkeit.

Innerhalb kürzester Zeit versuchte man nun zu noch komplexeren Theorien vorzustoßen, die noch besser zu den vorliegenden Daten paßten. Und nicht lange danach veröffentlichten John Schwarz und der französische Physiker André Neveu, damals beide in Princeton, gemeinsam mit Pierre Ramond, der am National Accelerator Laboratory bei Chicago arbeitete, eine Theorie, die den »Spin« der Teilchen berücksichtigte (und die schließlich die Superstring-Theorie werden sollte).

Die Beta-Funktion war zweifellos bemerkenswert, doch niemand wußte, ob ihre phantastischen Eigenschaften zufällig waren oder ob eine tiefere, physikalische Struktur zugrunde lag.

Die Antwort kam schließlich im Jahr 1970, als Yoichiro Nambu von der University of Chicago nachwies, daß die Beta-Funktion sich aus den Eigenschaften von wechselwirkenden Strings ergab. Dieser Ansatz, auf die Neveu-Schwarz-

Ramond-Theorie angewandt, führte schließlich zur heutigen Superstring-Theorie.

Der Nambu-Stil

Anders als Einstein, dem es Spaß machte, gegen hohle gesellschaftliche Formen zu verstoßen, oder Feynman, der Streiche liebte, oder Gell-Mann, dem Enfant terrible der Physik, war Nambu für seine zurückhaltende, doch immer aufmerksame Art und seine guten Manieren bekannt. Er entsprach dem Typ des traditionellen Japaners, der reservierter, vielleicht auch überlegter ist als seine oft lautstarken westlichen Mitmenschen. Auf dem rauhen und turbulenten Marktplatz der Forschung, wo eifersüchtig über die Urheberschaft physikalischer Ideen gewacht wird, verkörperte Nambu, der es vorzog, seine Arbeit für sich sprechen zu lassen, einen erfrischend anderen Stil und vertraute lediglich auf seine Erfolge.

Das hieß auch, daß er, obwohl an einigen der grundlegendsten physikalischen Entdeckungen beteiligt, nicht auf Prioritätsansprüche pochte. In der Physik sind nach allgemeinem Konsens Entdeckungen häufig an Namen geknüpft, auch wenn es historisch nicht immer ganz den Tatsachen entspricht. Nambu hatte zum Beispiel als erster die bekannte »Bethe-Salpeter-Gleichung« veröffentlicht, die das Verhalten von Zweielektronensystemen beschreibt. Und auch viele frühere Ideen der »spontanen Symmetriebrechung« gehen auf Nambus Konto, obwohl diese jahrelang unter der Bezeichnung »Goldstone«-Theorem geführt wurde. Erst in den letzten Jahren wurde sie in »Nambu-Goldstone«-Theorem umbenannt. Auf dem Gebiet der Superstring-Theorie war es jedoch ganz eindeutig Nambu, der die grundlegenden Gleichungen formuliert hatte.[2]

Ein Grund, weshalb einige von Nambus bemerkenswerten Arbeiten nicht sofortige Anerkennung fanden, liegt in dem

Umstand, daß Nambu seiner Zeit meist weit voraus ist. Seine Kollegin Laurie Brown von der Northwestern University bezeichnete ihn als einen »Wegbereiter, dessen Innovationen jene Durchbrüche vorbereiten, die dann meist Jahre oder auch Jahrzehnte später von anderen realisiert werden.«[3] Unter Physikern geht das Wort, daß es genüge, Nambus Arbeiten zu lesen, wenn man wissen möchte, wie die Physik des nächsten Jahrzehnts aussehen wird.

In einer Diskussion im Jahr 1985 versuchte Nambu die Denkweise der großen Physiker zu klassifizieren, deren Arbeit in der Vergangenheit zu bahnbrechenden Entdeckungen geführt hatte. Nambu unterteilte sie in den »Yukawa-Stil« und den »Dirac-Stil«.

Yukawas Methode ist tief in experimentellen Daten verwurzelt. Yukawa entwickelte seine Idee des Mesons als Träger der Kernkraft, indem er alle ihm zur Verfügung stehenden Daten aufs genaueste analysierte.

Der Dirac-Stil hingegen ist der wilde, spekulative Sprung in rein mathematische Logik, die zu erstaunlichen Resultaten führen kann, so wie beispielsweise Diracs Theorie der Antimaterie oder die des Monopols (ein Teilchen, das einen einzelnen magnetischen Pol darstellt). Einsteins Vorgehen bei der Entwicklung der allgemeinen Relativitätstheorie läßt sich ebenfalls dem Dirac-Stil zuordnen.

Als Nambus enorme wissenschaftliche Leistungen im Rahmen einer Feier zu seinem fünfundsechzigsten Geburtstag gewürdigt wurden, prägten seine Kollegen ihm zu Ehren den Namen für eine weitere Denkweise, den »Nambu-Stil«, der die hervorragendsten Eigenschaften beider Denkweisen verbindet: Das sorgfältige Interpretieren experimenteller Daten anhand einer phantasievollen, brillanten und manchmal auch sehr extravaganten Mathematik. Die Superstring-Theorie verdankt ihre Existenz zum großen Teil diesem von Nambu geprägten Stil.

Sicherlich war auch der Zusammenprall östlicher und

westlicher Einflüsse, wie sie durch seinen Vater und Großvater repräsentiert wurden, mitbestimmend für Nambus Stil. Seine Familie ließ sich nach dem verheerenden Erdbeben, das im Jahr 1923 Tokio verwüstete, in der Kleinstadt Fukui nieder, dem Sitz der bedeutenden buddhistischen Shin-shu-Sekte. Nambus Großvater ernährte seine Familie durch den Verkauf religiöser Gegenstände, zum Beispiel von Hausaltären zur Ahnenverehrung; sein Vater jedoch lehnte sich bereits gegen die althergebrachten Traditionen auf und verließ aus diesem Grund verschiedene Male sein Elternhaus, anstatt pflichtbewußt in die Fußstapfen des Vaters zu treten. Nambus Vater war ein von der westlichen Kultur faszinierter Intellektueller, der an der Universität englische Literatur studierte und seine Doktorarbeit über William Blake schrieb. So wuchs Nambu in einer Atmosphäre auf, die zwar einerseits von den traditionellen Werten seines Großvaters beherrscht wurde, andererseits aber auch von den fremdartigen intellektuellen Strömungen des Westens beeinflußt war. Als in den dreißiger Jahren der Militarismus in Japan Aufschwung erhielt, hatte jedoch die gesamte Familie zu leiden. Laurie Brown schrieb dazu, Nambus Vater »hatte liberale und internationalistische Ansichten, die man in jenen Tagen besser für sich behielt. Er hatte eine Reihe preiswerter Buchbände (sogenannte Yen-Bücher) abonniert, die Yoichiro las. Dazu zählten Romane ausländischer Autoren, moderne japanische Literatur und die marxistischen Klassiker, die zwar in den dreißiger Jahren zunächst noch erhältlich waren, aber bald strenger Zensur unterlagen. Nambus Vater behielt einige dieser Werke auch dann noch, als ihr Besitz schließlich zur Gefahr wurde.«[4]

Schon als Kind zeigte Nambu Interesse an der Wissenschaft und bastelte, wie auch Feynman und viele andere, Radioempfänger und andere technische Geräten. Während seiner Studienzeit an der Universität von Tokio übte die neue Quantenmechanik, die im Westen gerade von Heisenberg und anderen entwickelt wurde, große Faszination auf ihn aus. Es war jedoch auch die Zeit, in der in Japan ein Militarismus die Oberhand gewann, den Nambu verabscheute.

Nach der katastrophalen Niederlage des Jahres 1945, die das Land in Schutt und Asche legte, begann für das geschlagene japanische Volk der schmerzhafte Prozeß des Wiederaufbaus. Nambu erhielt eine Stelle an der Universität von Tokio, wo japanische Physiker nach jahrelanger Isolation von ihren westlichen Kollegen nun langsam ihre internationalen Kontakte wieder aufbauten.

Der Physiker Freeman Dyson vom Institute for Advanced Studies in Princeton skizzierte die freudige Überraschung der westlichen Physiker angesichts der Fortschritte in Japan, als er schrieb, daß »Tomonaga ohne jegliche Ausschmückung den Grundgedanken der Theorie von Julian Schwinger einfach und anschaulich darstellte. Die Ergebnisse waren erstaunlich. Irgendwie, inmitten all der Kriegswirren und völlig isoliert vom Rest der Welt, hatte Tomonaga es geschafft, eine Schule der theoretischen Physik am Leben zu erhalten, die in einigen Punkten allem, was zu dieser Zeit existierte, überlegen war. Er war allein vorwärts marschiert und hatte, fünf Jahre vor Schwinger, das Fundament für die neue Quantenelektrodynamik gelegt [...]«[5]

Schließlich wurde Robert Oppenheimer, Direktor des Institute for Advanced Studies, auf die Arbeit Nambus aufmerksam und lud ihn zu einem zweijährigen Besuch am Institut ein. Für Nambu war es fast ein Schock, als er nach seiner Abreise aus Japan im Jahr 1952 auf eine ›normale‹ Gesellschaft traf. (Tokio war nach den massiven Bombenangriffen noch schlimmer zerstört als Hiroshima.) 1954 besuchte Nambu die University of Chicago, wo er seit 1958 einen Lehrstuhl innehat.

Der scharfe Kontrast zwischen Nambus sanftem, zurückhaltendem Wesen und Feynmans Direktheit zeigte sich sehr plastisch während der Konferenz in Rochester, New York, im Jahr 1957, als Nambu ein Referat über die Existenz neuer Teilchen oder Resonanzen (das isoskalare Meson) hielt und Feynman »Was für ein Schwachsinn!« dazwischenbrüllte. (Einige Jahre später wurde dann die Frage endgültig beantwortet, denn das Teilchen wurde in einem Teilchenbeschleuniger entdeckt und »Omega-Meson« genannt.)

Nambus String

Ursprünglich hatte Nambu die Idee der Strings entwickelt, um etwas Ordnung in das Chaos zu bringen, das nach der Entdeckung immer neuer Hadronen entstanden war. Diese Hadronen konnten nicht als »fundamental« im eigentlichen Sinne des Wortes verstanden werden. Nambu glaubte, daß das Durcheinander, in das die Physik der starken Wechselwirkungen geraten war, nur Ausdruck einer tieferen Struktur sein könne.

Einige Jahre zuvor hatten Nambus Kollege Yukawa und andere Physiker, zu denen auch Heisenberg gehörte, angenommen, daß es sich bei den Elementarteilchen nicht um Punkte, sondern um pulsierende und oszillierende »Blobs« – Tropfen – handele. Doch sämtliche Bemühungen, eine Quantenfeldtheorie auf der Basis von Blobs, Membranen oder anderen geometrischen Figuren aufzubauen, schlugen fehl. Diese Theorien verstießen gegen bestimmte physikalische Prinzipien, z. B. gegen das der Relativität (da die Schwingungen der Blobs sich unter bestimmten Bedingungen hätten schneller als das Licht bewegen müssen). Sie waren nur vage formuliert und kaum für irgendwelche Berechnungen zu gebrauchen.

Nambu hatte ursprünglich angenommen, daß ein Hadron aus einem oszillierenden String besteht, wobei jede Schwingung einem einzelnen Teilchen entsprach. (Die Superstring-Theorie stand der der Relativität nicht entgegen, weil

Schwingungen entlang eines Strings sich langsamer als das Licht bewegen müssen.)

Hier sei an die bereits beschriebene Analogie zu den Violinsaiten erinnert. Man stelle sich eine geheimnisvolle Schachtel vor, die herrliche musikalische Töne erzeugt. Man könnte zunächst versuchen, die Töne zu klassifizieren, und ihnen Namen geben, beispielsweise C, F, G usw. Als nächstes würde man versuchen, einen Zusammenhang zwischen den Noten herzustellen, und dabei vielleicht bemerken, daß sie in Gruppen von acht auftreten (Oktaven). Damit wäre man bereits auf dem Weg, die Gesetze der Harmonie zu entdekken. Das letzte würde der Versuch sein, ein »Modell« zu finden, das, von einem einzigen Prinzip ausgehend, die Harmonien und die Tonleiter beschreiben könnte.

Entsprechend glaubte Nambu, daß die von Veneziano und Suzuki entdeckte Beta-Funktion die schwingenden Strings erklären könnte.

Ungeklärt blieb die Frage, was bei der Kollision der Strings vor sich geht. Wenn dies bekannt wäre, könnten wir die S-Matrix der gewöhnlichen Teilchen-Wechselwirkungen berechnen, da ja jede Schwingung ein Teilchen repräsentiert. Drei Physiker, Bunji Sakita, Keiji Kikkawa und Miguel Virasoro, damals alle an der University of Wisconsin, vermuteten, daß man das letzte verbleibende Postulat von Chews S-Matrix (Einheitlichkeit) auf dieselbe Weise erfüllen könne wie bei der Renormierungstheorie: durch Addieren der Schleifen. Sie schlugen also vor, auch für Strings Feynman-Diagramme zu benutzen.

(Dieser Punkt bestürzte viele S-Matrix-Theoretiker; es hieß nichts weniger, als die Schleifen und die Renormierungstheorie wieder einzuführen, die man aus dem Paradies der S-Matrix-Theorie verbannt hatte. Das ging für die Puristen im S-Matrix-Lager zu weit.)

Der Ansatz der drei Physiker wurde schließlich von einem der beiden Autoren dieses Buches (Michio Kaku) und einem

Kollegen, Loh-Ping Yu, während der gemeinsamen Studienzeit an der University of California in Berkeley sowie von Claude Lovelace, damals am CERN, und V. Alessandrini, einem Physiker aus Argentinien, vervollständigt.

Spaß mit Origami

Zwei Typen von Strings werden unterschieden: offene Strings (die Enden haben) und geschlossene Strings (die ringförmig sind).

Um die Wechselwirkungen der Strings zu verstehen, sei an die »Tinker Toys« erinnert, die Feynman-Diagramme für Punktteilchen bilden. Wenn ein Teilchen sich bewegt, erzeugt es eine Linie, die durch ein Stäbchen repräsentiert wird. Beim Zusammenprall der Teilchen entstehen Y-förmige Figuren, und der Aufprall wird durch ein Verbindungsstück dargestellt.

Ebenso kann der zeitliche Ablauf der Bewegungen offener Strings an langen Papierstreifen veranschaulicht werden und der von geschlossenen (ringförmigen) Strings an Papierröhren. Deshalb müssen wir die Stäbchen mit Origami-Papier vertauschen.

Wenn diese Papierstreifen kollidieren, schließen sie sich zusammen und formen einen neuen Streifen. Wiederum haben wir einen Y-förmigen Streifen, jedoch keine Stäbchen.

Das bedeutet, daß Physiker, statt Linien auf einer Tafel zu zeichnen, aufeinanderstoßende Papierstreifen und Röhren darstellen müssen. (Michio Kaku kann sich an eine Unterhaltung mit seinem Lehrer, Stanley Mandelstam von Berkeley, erinnern, der mit Schere, Kleber und Papier erklärte, wie zwei Strings kollidieren, sich neu formen und neue Strings erzeugen können. Diese Papierkonstruktion führte zu einem wichtigen Feynman-Diagramm für Superstrings.)

A

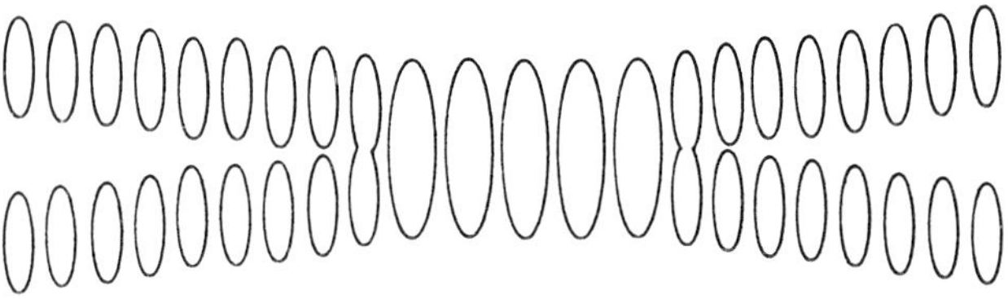

B

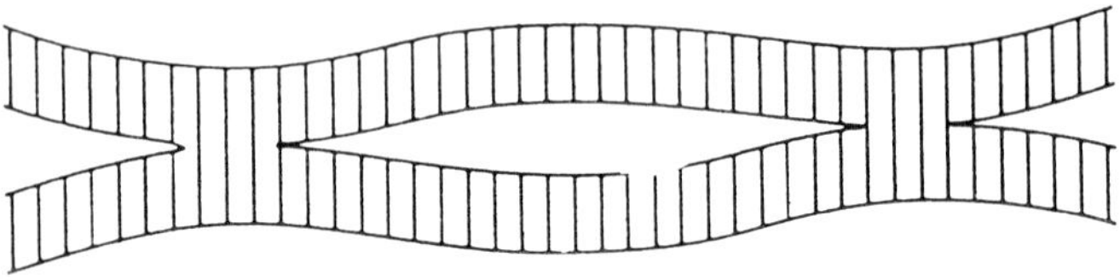

Im Diagramm A kommen zwei geschlossene Strings von links, stoßen in der Mitte zusammen und bilden einen einzigen String, der dann in zwei Hälften zerbricht und wieder zwei geschlossene Strings hervorbringt. Im Diagramm B kommen zwei offene Strings von links, verschmelzen, teilen sich, verschmelzen und teilen sich wieder in zwei Strings, die nach rechts weiterlaufen.

Was geschieht, wenn zwei Strings zusammenstoßen und eine S-Matrix erzeugen, zeigen die abgebildeten Feynman-Diagramme.

1974 wurde die Feldtheorie dieser Wechselwirkungen von Michio Kaku und Keji Kikkawa vervollständigt. Sie zeigten, daß die gesamte Superstring-Theorie zu einer Quantenfeldtheorie zusammengefaßt werden kann, die jedoch statt auf Punktteilchen auf Strings basiert. Dabei sind nur fünf Arten von Wechselwirkungen (oder Verbindungen) erforderlich, um die String-Theorie zu beschreiben:

Den eigentlichen Test besteht die Theorie, wenn wir diese Feynman-Diagramme zu »Schleifen« zusammenfassen. Wie zuvor treten alle Divergenzen (falls es welche gibt) in den

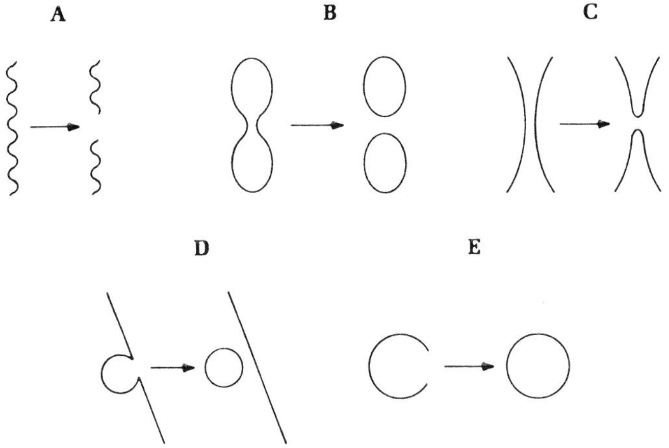

Hier sind die fünf Arten der String-Wechselwirkungen dargestellt. Im Diagramm A teilt sich ein String, wobei zwei kleinere erzeugt werden; im Diagramm B teilt sich ein geschlossener String und erzeugt ebenfalls zwei kleinere Strings; in Diagramm C kollidieren zwei Strings und bilden zwei neue Strings; in Diagramm D verwandelt sich ein offener String in einen offenen und einen geschlossenen String und in Diagramm E berühren sich die Enden eines offenen Strings und erzeugen einen geschlossenen String.

Feynman-Diagrammen auf, wenn ein String sich in eine Schleife umbildet.

In der gewöhnlichen Renormierungstheorie lassen sich diese Divergenzen umverteilen und durch andere Kunstgriffe beseitigen. Doch bei einer Theorie der Gravitation ist diese Umverteilung unmöglich, jeder Wert muß endlich sein. Das führt zu enormen Einschränkungen. Ein einziges Feynman-Diagramm, dessen Wert unendlich ist, genügt bereits, um das ganze Modell zu verderben.

Erstaunlicherweise sind diese String-Bilder endlich. Eine wunderbare Folge von Annullierungen scheint jede potentiell unendliche Größe zu beseitigen, so daß das Resultat endlich wird.

Um das Fehlen von Divergenzen in der Superstring-Theorie zu beweisen, sind äußerst bizarre geometrische Konstruktionen erforderlich. Das Innere eines einfachen Ein-Schleifen-Feynman-Diagramms wird zum Beispiel durch einen ringförmigen Streifen oder eine Röhre dargestellt.

Bei der vollständigen Theorie müssen jedoch die Papierstreifen oder Röhren verdreht werden. Wenn wir einen zum Kreis gebogenen Streifen verdrehen, bekommen wir ein seltsames geometrisches Gebilde, das »Möbiussche Band«, einen Streifen, der nur eine Seite (Oberfläche) hat. Jeder weiß, daß ein Papierstreifen gewöhnlich zwei Seiten hat. Man erhält jedoch einen einseitigen Papierstreifen, wenn man einen Streifen aufschneidet und dann beide Enden verdreht zusammenklebt. Eine Ameise, die auf der »Innenseite« dieses Bandes umherwandert, würde sich bald, ohne die »Innenseite« zu verlassen, auf der »Außenseite« wiederfinden.

Verdreht man eine Röhre, entsteht ein noch eigenartigeres Gebilde, eine zweidimensionale Oberfläche mit nur einer Seite, die als »Kleinsche Flasche« oder »Möbius-Band« bezeichnet wird. Jeder weiß, daß eine Röhre zwei Seiten hat – eine Innenseite und eine Außenseite. Wenn man aber das eine Ende der Röhre um 180 Grad dreht und dann die beiden Enden miteinander verbindet, hat man die Kleinsche Flasche.

Historisch sind das Möbiussche Band und die Kleinsche Flasche kaum mehr als geometrische Kuriositäten ohne jegliche praktische Anwendungsmöglichkeit. Aber für einen String-Physiker treten das Möbiussche Band und die Kleinsche Flasche als Teile schleifenenthaltender Feynman-Diagramme auf und sind daher unerläßlich zur Beseitigung unendlicher Größen.

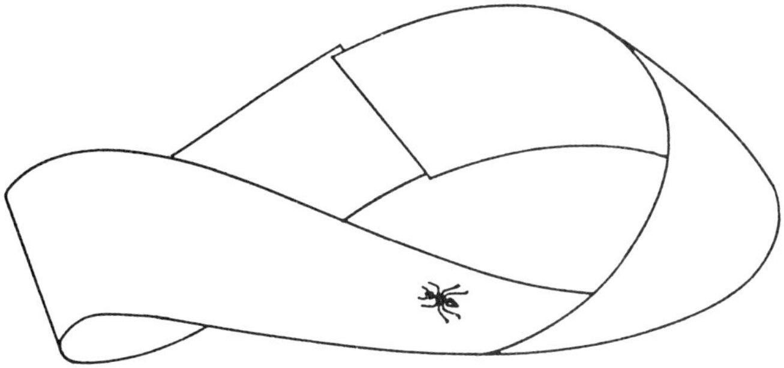

Das Möbius-Band stellt die Geometrie eines einschleifigen Feynman-Diagramms für kollidierende offene Strings dar.

Der Tod der Superstring-Theorie

Die Superstring-Theorie war zwar eine wunderschöne mathematische Abstraktion, zu der einige Daten der starken Wechselwirkung paßten, aber das Modell brachte auch einige frustrierende Schwierigkeiten.

Erstens sagte die Theorie zu viele Teilchen voraus, als für sie gut war. Es gab Teilchen, die als »Gravitonen« (Quantenpakete der Schwerkraft) und Photonen (Lichtpakete) fungierten. Tatsächlich entspricht der niedrigste Schwingungszustand des geschlossenen Strings dem Graviton und die niedrigste Schwingung des offenen Strings dem Photon.

Das war eine Katastrophe für eine Theorie, deren Aufgabe es war, die starken Wechselwirkungen zu beschreiben und nicht die Schwerkraft oder den Elektromagnetismus. Was hatten das Graviton und das Photon in einer Theorie der starken Wechselwirkung zu suchen? (Daß sich hier der eigentliche Nutzen im Gewand eines Problems verbarg, konnte man damals noch nicht ahnen. Die im String-Modell auftretenden Wechselwirkungen der Schwerkraft und des Lichts sind tatsächlich unabdingbar für eine einheitliche Feldtheorie.)

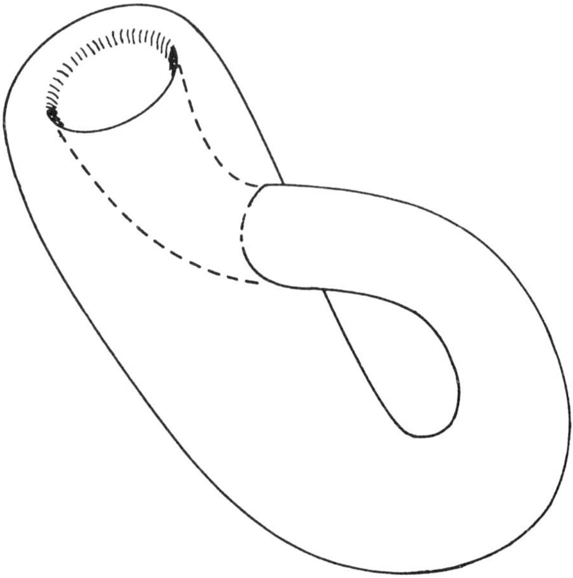

Die Kleinsche Flasche stellt die Geometrie eines einschleifigen Feynman-Diagramms für kollidierende geschlossene Strings dar.

Zweitens schien die Theorie die Existenz von »Tachyonen« vorauszusagen, Teilchen, die sich schneller als das Licht bewegen und damit eine Kausalitätsverletzung implizieren, so als ob die Zeit rückwärts ginge und man z. B. seiner Mutter begegnete, bevor man selbst geboren wurde.

Drittens und schlimmstens entdeckten Physiker bald, daß die ursprüngliche Nambu-Theorie nur bei sechsundzwanzig Dimensionen selbstkonsistent war! (Für jede Theorie bedeutet Nichtkonsistenz den Todesstoß, da sie zu falschen Aussagen führen würde, wie beispielsweise, daß $1 + 1 = 3$ ergibt.)

Claude Lovelace bei CERN entdeckte als erster, daß das String-Modell mit sechsundzwanzig Dimensionen eine bessere mathematische Struktur aufwies. Und dann wiesen Richard Brower, Charles Thorn vom MIT und andere nach, daß das Modell bei weniger als sechsundzwanzig Dimensionen völlig zusammenbrach.

Kurz danach fanden einige Physiker heraus, daß die Superstring-Theorie (das Neveu-Schwarz-Ramond-Modell) nur in zehn Dimensionen selbstkonsistent war.

Das war den meisten Physikern einfach zuviel! Für Physiker, die in vier Dimensionen zu denken gewohnt waren, klang diese Theorie mehr nach Science-fiction als nach seriöser Wissenschaft. Die Folge war, daß die Superstring-Theorie um 1974 an Ansehen verlor, und viele Physiker, einschließlich Michio Kaku, nahmen schließlich, wenn auch ungern, von ihr Abschied.

Michio Kaku erinnert sich noch heute an den Schock und die Enttäuschung vieler Physiker, als sich herausstellte, daß das Superstring-Modell nur in sechsundzwanzig und in zehn Dimensionen denkbar war. Zwar war Niels Bohrs Ausspruch allgemein bekannt, wonach jede große Theorie »verrückt genug« sein müsse, doch die Vorstellung eines zehn- oder sechsundzwanzigdimensionalen Universums überschritt denn doch die Grenzen wissenschaftlicher Vorstellungskraft.

Wie jeder weiß, besitzt der Raum drei Dimensionen: Länge, Tiefe und Breite. Die Größe eines jeden Objekts im Universum, von der Ameise bis zur Sonne, läßt sich anhand dieser drei Dimensionen beschreiben.

Will man aber beispielsweise das Alter der Sonne beschreiben, ist eine weitere Dimension, die Zeit, erforderlich. Mit diesen vier Parametern (Länge, Tiefe, Breite und Zeit) kann der physikalische Zustand eines jeden Objektes des Universums beschrieben werden. Infolgedessen sagen die Physiker, daß wir in einem vierdimensionalen Universum leben.

Autoren von Science-fiction-Romanen erfinden gerne weitere Dimensionen zur Beschreibung »paralleler« Universen, die neben unserem Universum existieren. Doch es handelt sich hierbei lediglich um einen dramaturgischen Trick; Physiker glaubten niemals ernsthaft an die Existenz weiterer, paralleler Universen. Aus diesem Grund ließen die meisten das String-Modell, das ein höherdimensionales All postulierte, wieder fallen.

Die Zeit von 1974 bis 1984 war für das String-Modell mager, denn die meisten Physiker hatten sich den schnellebigen Entwicklungen der elektroschwachen Theorie und der GUT zugewandt. Nur die fanatischsten Anhänger, wie Michael Green vom Queen Mary College in London und John Schwarz vom California Institute of Technology, beschäftigten sich weiterhin mit den Superstrings.

Im Jahr 1976 versuchten einige Physiker, die Theorie mit einem sehr merkwürdigen Ansatz wiederzubeleben; Joël Scherk in Paris und John Schwarz schlugen vor, das String-Modell neu zu interpretieren. Sie beschlossen, aus der Not eine Tugend zu machen. Vielleicht handelte es sich bei dem unerwünschten »Graviton« und »Photon«, das die Theorie aufwies, doch tatsächlich um das reale Graviton und Photon. Vielleicht waren die schlechten Eigenschaften der Theorie in Wirklichkeit ein Segen. In ihrem Ansatz war die Superstring-Theorie die richtige Lösung, die man auf das falsche Problem angewendet hatte. Statt einer Theorie der starken Wechselwirkung war es in Wirklichkeit die Theorie des Universums!

Diese Neuinterpretation des String-Modells stieß auf extremes Mißtrauen. Schließlich hielt sich der Erfolg der Theorie für die starke Wechselwirkung bereits in Grenzen, und nun sollte sie, wenn man Scherk und Schwarz glaubte, das ganze Universum erklären können. Man fand die Idee zwar raffiniert, aber ernstgenommen wurde sie nicht. Die Theorie hatte schließlich immer noch zehn Dimensionen.

Schwarz skizzierte die traurige Situation folgendermaßen: »Keiner hat offen behauptet, daß wir Spinner sind, aber unsere Arbeit wurde ignoriert.«[6]

Die Kinder des Strings

Paradoxerweise bahnte sich – nachdem die Superstrings in den siebziger Jahren als Modell der starken Wechselwirkung abgedankt hatten – die Entwicklung einiger Theorien an, die man als »die Kinder des Strings« bezeichnen könnte. Sie besaßen einige charakteristische Merkmale der Superstring-Theorie, die als zu symmetrisch galt, um realistisch zu sein. So war zwar der String selbst in Ungnade gefallen, doch viele seiner Nebenprodukte beeinflußten und befruchteten die theoretische Physik im ansonsten stagnierenden Jahrzehnt von 1974 bis 1984.

Anhand eines neuartigen String-Konzepts schlug beispielsweise Ken Wilson von der Cornell University vor, daß Quarks durch eine stringähnliche klebrige Substanz aneinandergebunden seien; damit sollte der rätselhaften Suche nach den Quarks ein Ende bereitet werden. Denn wo waren diese Quarks? Sie waren zwar in der Physik im Verlauf der vergangenen zwanzig Jahre weltweit akzeptiert, doch trotz intensivster Suche waren sie noch in keinem Forschungslaboratorium je aufgetaucht. Gell-Mann und andere Physiker stellten die These auf, daß diese Quarks irgendwie durch eine mysteriöse Kraft »eingesperrt« sein konnten.

Wilson dagegen mutmaßte, daß die Yang-Mills-Gluonen der Quark-Theorie normalerweise als Teilchen auftreten, die unter bestimmten Bedingungen »kondensieren« und dabei eine klebrige Masse bilden, welche die Quarks umschließt.

Wilson zeigte mit Hilfe von Computersimulationen, daß diese Gluonteilchen zu klebrigen Strings kondensieren können – so wie Dampf zu Wasser kondensieren kann – mit Quarks an den äußeren Enden. Dieser Logik zufolge hatte man die Quarks deshalb nicht auffinden können, weil sie ständig von den klebrigen Strings festgehalten werden.

Heute investiert die National Science Foundation Millionenbeträge in den Bau der weltgrößten Computer (Computer der fünften Generation genannt), um Fragen, wie Wilson sie gestellt hatte, zu beantworten. Wilsons String-Theorie ist im Grunde leistungsfähig genug, um alle Eigenschaften der starken Wechselwirkung vereinen zu können. Wilson erhielt für seine Pionierarbeit, die er im Bereich der sogenannten »Phasenübergänge« leistete und die sich unmittelbar auf die Festkörperphysik und die Quark-Theorie auswirkte, im Jahre 1983 den Nobelpreis.

Ein weiterer Sprößling der Strings war die »Supersymmetrie« (auf die wir noch in einem späteren Kapitel zurückkommen). Sie tauchte zuerst in der zehndimensionalen Theorie auf und gewann gegen Ende der siebziger Jahre an Beliebtheit, als man feststellte, daß sie sich auch auf eine Theorie mit vier Dimensionen anwenden ließ. Die Supersymmetrie wurde zur Arznei, mit der man die verschiedenen Krankheiten, an denen die GUT litt, heilen konnte.

Eine Weiterentwicklung der Supersymmetrie, die auch die Gravitation einschloß (die eigentlich Bestandteil der Superstring-Theorie ist), war die »Supergravitation«. Sie wurde erstmalig von Peter van Nieuwenhuizen, Dan Freedman und Sergio Ferrara, damals an der State University of New York in Stony Brook, formuliert. Nach sechzig Jahren war mit der Supergravitation erstmals eine nicht triviale Theorie formuliert worden, die über Einsteins Gleichungen hinausging.

Schließlich begann mit der Kaluza-Klein-Theorie, die zu Beginn der achtziger Jahre in Mode kam, auch das Vorurteil der Physiker gegen höhere Dimensionen der Raumzeit zu bröckeln. Bestimmte Quanteneffekte konnten auch die höherdimensionalen Theorien physikalisch gesellschaftsfähig machen (wir werden später noch darauf zurückkommen).

Die Kinder der Strings gaben zwar in den späten siebziger und frühen achtziger Jahren die Richtung der theoretischen Physik vor, doch ihre Eltern wurden noch immer weitgehend gemieden. Hier existierte eine Theorie, die mehr Symmetrien aufwies, als in der Naturwissenschaft je bekannt waren, und sie wurde trotzdem als vollkommen nutzlos betrachtet.

Das begann sich dramatisch zu ändern, als Physiker im Jahr 1984 die sogenannten »Anomalien« untersuchten.

Der Triumph des Zufalls und der genauen Beobachtung

Die Verbindung von Quantenmechanik und Relativitätstheorie führte zu Anomalien, die als winzige, aber potentiell tödliche mathematische Fehler in einer Quantenfeldtheorie auftauchen können; sie müssen eliminiert oder annulliert werden, da eine Theorie, die Anomalien enthält, zu keinerlei sinnvollen Ergebnissen führt. Anomalien sind wie kleine Fehler beim Mischen von feinstem Ton, Sand, Mineralien usw. zur Herstellung von glasierter Töpferware. Schon die geringste Abweichung vom Mischungsverhältnis der einzelnen Bestandteile kann das Endprodukt unbrauchbar machen. Dieses wäre dann vielleicht zu 99,9% perfekt, doch der winzige Fehler würde ausreichen, um es schließlich zum Bersten zu bringen.

So elegant eine Theorie auch sein mag, so inkonsistent ist sie schließlich in ihren Ergebnissen, wenn sie Anomalien enthält. Anomalien sind der Beweis dafür, daß die Natur für die Bildung einer Quantenfeldtheorie der Gravitation noch eine weitere Einschränkung fordert. Tatsächlich scheint es für die Quantentheorie so viele Einschränkungen zu geben, daß sie, wie auch die S-Matrix-Theorie, nur eine einzige Antwort zuläßt.

Die meisten symmetrischen Theorien weisen Anomalien auf. So ist – nach dem russischen Physiker A. M. Polyakov – das Superstring-Modell zehndimensional, da das Eliminieren der Anomalien höhere Dimensionen erfordert.

Edward Witten und Luis Alvarez-Gaumé aus Princeton

fanden heraus, daß bei den Wechselwirkungen der Gravitation mit anderen Teilchen die daraus resultierenden Theorien mit tödlichen Anomalien geschlagen waren. Zunächst war das eine traurige Erkenntnis und ein weiterer Nagel zum Sarg der Quantengravitation.

Doch dann beobachteten Green und Schwarz im Jahr 1984, daß das Superstring-Modell genügend Symmetrie besitzt, um die Anomalien ein für allemal zu verbannen! Die Symmetrien im Superstring-Modell – einst als zu schön betrachtet, um eine praktische Auswirkung zu haben – erwiesen sich nun als die Lösung, mit der alle Unendlichkeiten und Anomalien beseitigt werden konnten.

Das löste explosionsartig ein neues Interesse an der Superstring-Theorie aus. Plötzlich eilten die Physiker in die Bibliotheken, um verstaubte wissenschaftliche Veröffentlichungen zu studieren, die über zehn Jahre alt waren.

Als der Nobelpreisträger Steven Weinberg die Neuigkeiten über die Superstrings hörte, begann er sofort an dieser Superstring-Theorie zu arbeiten: »Ich ließ alles stehen und liegen«, erinnert er sich, »auch die Bücher, an denen ich gerade arbeitete, und begann, so viel wie möglich über die String-Theorie zu lernen.« Es war jedoch nicht leicht, eine völlig neue Art von Mathematik zu lernen, denn, so gestand er ein, »die Mathematik dazu ist sehr schwierig«.[7]

Was sich dann ereignete, war in der Tat verblüffend. In wenigen Monaten mutierte die Superstring-Theorie von einer zwar schönen, aber relativ nutzlosen Kuriosität zu der vielleicht *einzigen* Hoffnung auf eine vereinheitlichte Feldtheorie. Und statt jegliche Hoffnung auf die Konstruktion einer Quantentheorie der Gravitation zu zerstören, ließen die Anomalien die Superstring-Theorie wieder auferstehen. Die Anzahl der Superstring-Veröffentlichungen – in den Achtzigern nicht mehr als ein Rinnsal – wuchs 1987 auf einen Strom von weit über hundert an; die Superstring-Theorie wurde zum dominierenden Modell in der theoretischen Physik.

Das Ganze erinnerte an eine Episode in der Geschichte der Wissenschaft, als sich ebenfalls ein scheinbarer Fehler als höchst wertvoll erwies: Im Jahr 1928 stellte Alexander Fleming fest, daß seine sorgfältig gezüchteten Staphylokokkenkulturen zerstört wurden, wenn man sie mit bestimmten Schimmelsorten infizierte. Auf den ersten Blick erschien es Fleming unsinnig, Schutzmaßnahmen zu ergreifen, um den Schimmelbefall zu verhindern. Dann dämmerte ihm, daß der bakterienvernichtende Schimmel vielleicht wichtiger sein könne als die Bakterien selbst. Diese zufällige Beobachtung führte zur Entdeckung des Penicillins, das Millionen von Menschenleben rettete und Fleming im Jahr 1945 den Nobelpreis für Medizin einbrachte. Er erhielt den Preis für das, was er den »Triumph des Zufalls und der genauen Beobachtung« nannte.

Wie ein Phönix aus der Asche tauchte die Superstring-Theorie wieder auf, und zwar dieses Mal mit großem Elan. Den Erfolg verdankte sie vor allem dem Triumph des Zufalls und der genauen Beobachtung durch Schwarz und Green.

6. Symmetrie: Das fehlende Glied

Was ist Schönheit?

Für einen Musiker liegt Schönheit vielleicht in einer besonderen Harmonie. Ein Maler mag von der Schönheit eines Gemäldes beeindruckt sein, das ein Stück Natur einfängt oder eine romantische Idee versinnbildlicht.

Für einen Physiker jedoch bedeutet Schönheit Symmetrie.

Am offenkundigsten ist in der Natur die Symmetrie eines Kristalls oder eines Edelsteins. Kristalle und Edelsteine sind schön, weil sie symmetrisch sind. Ihre Form also bleibt unverändert, wenn sie um einen bestimmten Winkel gedreht werden.

Wir sagen, daß der Kristall gegenüber einer Drehung (Rotation) um einen bestimmten Winkel invariant ist, weil er dann in sich selbst übergeht. Ein Würfel beispielsweise behält seine ursprüngliche Orientierung, wenn man ihn um 90 Grad um eine seiner Achsen dreht. Eine Kugel besitzt noch mehr Symmetrie, denn sie ist gegenüber allen Drehungen invariant; sie geht stets in sich selbst über.

Entsprechend fordert die Symmetrie in der Physik, daß eine *Gleichung* bei bestimmten »Rotationen« unverändert bleibt. So handelt es sich um Rotationen (allgemein gesagt: Transformationen), wenn wir Raum in Zeit oder Elektronen in Quarks verwandeln. Wir sagen, die physikalischen Gleichungen behalten ihre Symmetrien, wenn sie nach solchen Transformationen unverändert geblieben sind.

Physiker haben sich oft mit der Frage auseinandergesetzt, ob Symmetrien für die Natur erforderlich sind. Ist Symmetrie lediglich eine Frage der Ästhetik, die nur für uns Menschen gilt, oder bevorzugt die Natur tatsächlich Symmetrie im Universum?

Die Welt ist eindeutig nicht symmetrisch erschaffen. Sie besteht nicht nur aus schönen Eiskristallen und Edelsteinen, sondern erscheint ganz im Gegenteil ziemlich chaotisch. In zerklüfteten Felsen, in verschlungenen Flußläufen, in formlosen Wolken, in unregelmäßigen Bergketten, in zufälligen chemischen Molekülen oder im Gewirr der bekannten subatomaren Teilchen bleiben nicht viele Symmetrien übrig.

Doch mit Entdeckung der Yang-Mills- und der Eichtheorien zeigte sich allmählich, daß, auf einer fundamentalen Ebene, die Natur Symmetrien in physikalischen Theorien nicht nur bevorzugt, sondern fordert. Physiker wissen heute, daß Symmetrie der Schlüssel für die Aufstellung physikalischer Gesetze ohne verheerende Anomalien und Divergenzen ist.

Schließlich erklärt die Symmetrie, weshalb alle potentiell schädlichen Divergenzen und Anomalien, die andere Theorien zunichte machen, sich in der Superstring-Theorie gegenseitig auslöschen. Tatsächlich besitzt das Superstring-Modell so viele Symmetrien, daß es die Symmetrien der elektroschwachen Theorie und der GUT ebenso einschließt wie die der allgemeinen Relativitätstheorie. In der Superstring-Theorie sind alle bekannten Symmetrien des Universums und viele, die noch nicht entdeckt wurden, enthalten. Rückblickend erkennen wir, daß die Superstring-Theorie deshalb so gut funktioniert, weil sie auf Symmetrien aufbaut.

Symmetrien sind zwingend notwendig für eine Vereinigung der Relativität mit der Quantenmechanik.

Dieser Umstand war nicht von Beginn an offensichtlich. Vorher hielten Physiker viele selbstkonsistente Theorien des Universums für möglich, die sowohl die Relativitätstheorie als auch die Quantenmechanik berücksichtigten. Heute stehen wir überrascht vor dem Ergebnis, daß die Bedingungen für die Eliminierung von Divergenzen und Anomalien möglicherweise so streng sind, daß sie nur *eine* Theorie gestatten.

Symmetrie und Gruppentheorie

Die Mathematik der Symmetrie wird als »Gruppentheorie« bezeichnet (wobei eine Gruppe einfach einen Satz von mathematischen Ausdrücken bezeichnet, die durch genaue mathematische Regeln miteinander verknüpft sind); sie verdankt ihren Ursprung den Arbeiten des genialen, im Jahr 1811 geborenen französischen Mathematikers Evariste Galois.

Aufgrund von Symmetrieüberlegungen löste Galois schon als Jugendlicher ein Problem, über das die größten Mathematiker der Welt fünfhundert Jahre lang gestolpert waren. Im Algebra-Unterricht lernten wir zum Beispiel, daß die Gleichung $x^2 + bx + c = 0$ eine Quadratwurzel enthält. Die Frage war: Kann für eine Gleichung 5. Grades (d. h. mit $\times$ in der fünften Potenz) $ax^5 + bx^4 + cx^3 + dx^2 + ex + f = 0$ eine allgemeine Lösung gegeben werden?

Leider war Galois seiner Zeit so weit voraus, daß andere Mathematiker seine bahnbrechende Forschung nicht zu würdigen wußten. Sein mathematischer Vortrag, der ihm den Zugang zur Prestigeuniversität École Polytechnique verschaffen sollte, erhob sich so hoch über das Niveau des Prüfungskomitees, daß man seine Bewerbung ablehnte.

Galois schickte dann eine Zusammenfassung seiner wichtigsten Arbeiten an den Mathematiker Augustin-Louis Cauchy, der sie der Französischen Akademie vorstellen sollte. Cauchy, der außerstande war, die Bedeutung des Werkes zu erkennen, verlor die Papiere. Im Jahr 1830 reichte Galois einen weiteren Artikel bei der Akademie ein, mit dem er an einem Wettbewerb teilnehmen wollte. Dieses Mal starb der Prüfungsvorsitzende Joseph Fourier kurz vor dem Wettbewerbstermin, und wieder ging das Papier verloren. Frustriert schickte Galois seine Arbeit ein letztes Mal an die Akademie, worauf es von dem Mathematiker Simeon-Denis Poisson mit dem Vermerk »unverständlich« verworfen wurde.

Galois wurde in einer Zeit des politischen Umbruchs geboren; er stand hinter den freiheitlichen revolutionären Bestrebungen der dreißiger Jahre des 19. Jahrhunderts. Schließlich wurde er an der École Normale in Paris zugelassen, jedoch kurz darauf wegen seiner radikalen politischen Einstellung wieder hinausgeworfen und 1831 wegen Agitation bei einem Aufstand gegen Louis Philippe festgenommen. Historische Quellen belegen, daß er sich ein Jahr später mit einem Polizeispitzel duellierte (offenbar war Galois in eine Frauengeschichte verwickelt und mußte sich nach herrschendem Ehrenkodex dem Duell stellen). Im Alter von zwanzig Jahren wurde er dabei durch einen Pistolenschuß getötet.

Glücklicherweise hat Galois, am Vorabend des Duells und seinen Tod ahnend, die wichtigsten Ergebnisse seiner Arbeit in einem Brief an seinen Freund Auguste Chevalier festgehalten und ihn gebeten, die Veröffentlichung in der Révue Encyclopédique zu veranlassen. Vierzehn Jahre lang blieb dieser Brief, der die Grundideen der Gruppentheorie enthält, unveröffentlicht.

Die Gruppentheorie erlitt mit dem Tod ihres Begründers einen nicht wiedergutzumachenden Verlust; hier soll auf die zahlreichen Anwendungsmöglichkeiten hingewiesen werden, die in der Gruppentheorie enthalten sind. Die Theorie besitzt nicht nur eine ganz eigene mathematische Eleganz, sondern unglaubliche Stärken, wenn man sie auf andere mathematische Probleme anwendet. Eine Symmetrie, die die Lösung von Problemen gestattet, die anders nicht zu lösen wären, hat immer etwas Seltsames, schwer Begreifliches. (Die Gruppentheorie ist heute ein so wichtiger Bestandteil der Mathematik, daß sie zuweilen schon in der Schule gelehrt wird. Jeder, der einmal vergeblich mit der »neuen Mathematik« gekämpft hat, verdankt das ihrem Erfinder, Evariste Galois.)

Nach Galois wurde die Gruppentheorie durch den norwegischen Mathematiker Sophus Lie Ende des 19. Jahrhunderts zu einem ausgereiften mathematischen System weiterentwickelt. Lie vervollständigte die Theorie, indem er alle Gruppen eines bestimmten Typs in Familien zusammenfaßte, die ihm zu Ehren »Lie-Gruppen« genannt wurden. Mit der Entwicklung dieser Gruppen, die ausschließlich auf abstrakten mathematischen Konstruktionen basieren, meinten die Mathematiker, nun endlich einen Wissenszweig entdeckt zu haben, der für die Physik von keinerlei praktischem Nutzen sein konnte. (Offensichtlich lieben es manche Mathematiker, Theorien zu entwickeln, die so abstrakt sind, daß sie niemals praktisch angewendet werden können.)

Sie irrten sich. Ein Jahrhundert später sollte diese ›nutzlose‹ Theorie der Lie-Gruppen das Fundament für das gesamte physikalische Universum liefern!

Lie-Gruppen – die Sprache der Symmetrie

Eine der größten Leistungen Lies bestand in der Klassifizierung aller Gruppen in genau sieben Kategorien. Eine Klasse der Lie-Gruppen nennt sich beispielsweise O(N).[1]

Ein einfarbiger Ball ist das einfachste Beispiel für einen Gegenstand mit O(N)-Symmetrie. Egal um welchen Winkel man ihn dreht, er bleibt immer sich selbst gleich. Man sagt, dieser Ball besitzt O(3)-Symmetrie (O bedeutet hier »orthogonal«, d.h. senkrecht; die 3 bezeichnet die drei Raumdimensionen).

Ein weiteres Beispiel für eine O(3)-Symmetrie ist das Atom. Da die Schrödingergleichung (der Atome), auf der die Quantenmechanik beruht, invariant gegenüber Drehungen ist, besitzen ihre Lösungen (die Atome sind) diese Symmetrie ebenfalls. Die Tatsache, daß Atome diese Rotationssymmetrie aufweisen, ist eine direkte Konsequenz der O(3)-Symmetrie in Schrödingers Gleichung.

Lie entdeckte auch einen Satz von Symmetrien, der SU(N) genannt wird und Transformationen komplexer Zahlen beschreibt. Das einfachste Beispiel ist U(1), die Symmetrie, die den Maxwellschen Gleichungen zugrunde liegt (1 bedeutet, daß nur ein Photon vorhanden ist). Als weitere nächsteinfachere Klasse folgt SU(2), welche die Transformation von Proton und Neutron bewirkt, die sich, abgesehen von ihrer Ladung, sehr ähnlich sind.

Heisenberg zeigte im Jahr 1932 als erster, daß die Schrödingergleichung für diese Teilchen so geschrieben werden kann, daß sie gegenüber Transformationen der beiden Teilchen invariant ist. Ein weiteres Beispiel liefert die Weinberg-Salam-Theorie, die sich nicht verändert, wenn wir Elektronen und Neutrinos ineinander drehen. Wegen der Transformation zweier solcher Teilchen gehört sie zur Symmetriegruppe SU(2). Da sie außerdem noch Maxwells U(1)-Symmetrie enthält, wird die vollständige Symmetrie in der

Theorie Weinbergs und Salams durch das Produkt SU(2) x U(1) beschrieben.

Sakata und seine Mitarbeiter zeigten daraufhin, daß die starken Wechselwirkungen durch die Symmetriegruppe SU(3) dargestellt werden können, welche die drei subnuklearen Teilchen der starken Wechselwirkung transformiert. Darüber hinaus ist die SU(5)-Symmetrie die kleinstmögliche GUT, denn sie kann fünf Teilchen transformieren (das Elektron, das Neutrino und drei Quarks).

Bei N Quarks wäre die Symmetriegruppe demnach SU(N), wobei für N jede ganze Zahl eingesetzt werden kann.

Die seltsamste Klasse der Lie-Gruppen sind die E(N)-Gruppen. Es ist schwierig, sich ein einfaches Beispiel einer E(N)-Symmetrie vorzustellen, da diese mysteriösen Gruppen sich nicht durch normale Gegenstände darstellen lassen. Weder eine Schneeflocke noch ein Kristall besitzen eine E(N)-Symmetrie. Lie stieß auf diese seltsamen Symmetrien aufgrund rein abstrakter algebraischer Manipulationen, die nichts mit physikalischen Objekten gemein haben. Die seltsame Eigenschaft dieser Gruppen ist, daß aus rein mathematischen Gründen N nicht größer sein kann als 8. (Warum die maximale Zahl 8 ist, läßt sich einem Laien nicht erklären, da der Beweis in den Bereich der höheren Mathematik gehört.)

Die E(8)-Gruppe ist eine der Symmetrien der Superstring-Theorie. Da 8 die Maximalzahl ist, die konstruiert werden kann, entsteht eine seltsame Art von »Numerologie«, die eng an die sechsundzwanzig Dimensionen des String-Modells und an die zehn Dimensionen der Superstring-Theorie geknüpft ist. (Der Ursprung dieser Numerologie ist selbst den Mathematikern unbekannt. Wenn wir wüßten, weshalb die Zahlen 8, 10 und 26 dauernd in der Superstring-Theorie auftauchen, könnten wir vielleicht auch verstehen, weshalb das Universum vierdimensional ist.)

Deshalb liegt der Schlüssel für die vereinheitlichte Feldtheorie im mathematischen Rahmen, den die Lie-Gruppen vorgeben. Heute erscheint das alles mehr oder weniger selbstverständlich. Heute sind die Physiker stolz darauf, die Lie-Gruppen und die vereinheitlichte Feldtheorie, die erstaunliche Eleganz und Schönheit besitzen, entwickelt zu haben. Doch das war nicht immer so. Immer und immer wieder wehrte sich die Mehrheit der Physiker hartnäckig, ja fast starrköpfig, gegen die Vereinheitlichung und die Einführung größerer Lie-Gruppen. Vielleicht ist es diesem Umstand zu verdanken, daß es nur eine Handvoll Physiker waren, die weiter blicken konnten als der Rest.

Nicht jeder findet Geschmack an der Vereinheitlichung

Im Jahr 1941, zweiundvierzig Jahre vor Entdeckung des W-Teilchens und der krönenden experimentellen Bestätigung der elektroschwachen Theorie, erwähnte Julius Schwinger von der Harvard University gegenüber Robert Oppenheimer, daß die schwachen und elektromagnetischen Kräfte sich in einer einzigen Theorie vereinigen ließen. Schwinger erinnert sich: »Ich erwähnte das Oppenheimer gegenüber, und er nahm es ausgesprochen uninteressiert auf. Für ihn war es offensichtlich waghalsige Spekulation.«[2]

Schwinger war zwar entmutigt, ließ sich aber von der Arbeit an seiner hochmathematischen Theorie nicht abbringen. Für ein ehemaliges Wunderkind wie Schwinger – der im Alter von vierzehn Jahren in das City College of New York eintrat, mit siebzehn an der Columbia University graduierte und im reifen Alter von zwanzig Jahren promovierte – war die höhere Mathematik sicherlich kein Neuland. Mit achtundzwanzig Jahren war er einer der jüngsten Ordinarien, die jemals an der Harvard University gelehrt haben.

1956 stellte Schwinger dem Nobelpreisträger Isidor Isaac Rabi von der Columbia University eine bemerkenswert vollständige Version der elektroschwachen Theorie vor. Dieser erklärte ihm kurz und bündig: »Das wird keinem gefallen.«[3] Nachdem ihm klargeworden war, daß seine elektroschwache Theorie mit einigen experimentellen Daten nicht vereinbar war, rang Schwinger entsetzt die Hände und überließ es seinem Studenten Sheldon Glashow, daran zu arbeiten. (Die experimentellen Daten, die Schwinger damals berücksichtigte, waren falsch und entsprachen nicht seiner Theorie. Abdus Salam, der sich den Nobelpreis für die elektroschwache Theorie mit Glashow und Weinberg teilte, erklärte dazu später: »Wenn diese Daten nicht falsch gewesen wären, hätte er die gesamte Theorie schon damals gehabt.«[4]

Glashow und seine Mitarbeiter ernteten zwar den Spott anderer Physiker, doch sie waren auf der richtigen Spur, als sie Elektronen und Neutrinos mathematisch unter Anwendung der SU(2) miteinander verknüpften. Die elektromagnetische Theorie weist für sich bereits U(1)-Symmetrie auf, so daß die gesamte Theorie der elektroschwachen Wechselwirkung die Symmetrie SU(2) x U(1) enthält. Leider wurde das Modell von praktisch der gesamten Physikergemeinde jahrzehntelang ignoriert.

Dieselbe eisige Reaktion wurde auch den Arbeiten Sakatas und seiner Mitarbeiter entgegengebracht. Bereits in den fünfziger Jahren, noch ehe Gell-Mann die Quarks eingeführt hatte, verstießen Sakata und seine Mitarbeiter mit der kühnen Voraussage gegen die vorherrschende Meinung, daß den Hadronen eine Substruktur zugrunde läge, die der SU(3)-Symmetrie gehorche. Doch Sakatas Theorien des Teilcheninneren waren ihrer Zeit zu weit voraus, als daß die anderen Physiker sie hätten verdauen können. Sakatas Ideen waren einfach zu befremdlich.

Wie viele Fachleute neigen auch Physiker, wenn sie jahrelang über ein und demselben Problem brüten, zu Mißtrauen und Eifersucht gegenüber jedem, der plötzlich eine Antwort auf ihr ganzes Problem gefunden haben will. Dieses Verhalten läßt sich mit dem eines Detektivs vergleichen, der versucht, einem Mordfall auf die Spur zu kommen, und der viele frustrierende Monate damit zugebracht hat, sorgsam die einzelnen Mosaiksteinchen des Verbrechens zusammenzutragen. Es gibt noch viele Lücken in der Beweisführung, und einiges am Beweismaterial scheint sich sogar zu widersprechen. (Darüber hinaus ist dieser Detektiv zwar klug, aber kein Genie.) Während er nun über seinen Mosaiksteinchen brütet, stürmt ein junger, naßforscher Kollege in sein Büro, wirft einen Blick auf die Mosaiksteinchen, und sprudelt heraus: »Ich weiß, wer der Mörder ist.« Einen gewissen mit Neid vermischten Groll wird man dem fleißigen Detektiv kaum verargen.

Was aber, wenn der junge Detektiv recht hat?

Diese besondere Feindseligkeit ist häufig eine Folge der mechanistischen Denkprozesse, denen vor allem Physiker der westlichen Welt anhängen, die das Wesen eines Gegenstandes zu begreifen versuchen, indem sie die Mechanik seiner einzelnen Teile studieren. Obwohl diese Methode unbestreitbare Erfolge erzielte, als es darum ging, einzelne Gesetze bestimmter Bereiche zu isolieren, macht sie dennoch blind für das Gesamtbild und für darunterliegende allgemeine Strukturen. Dieses mechanistische Denken hielt jahrzehntelang viele Physiker in Vorurteilen gegenüber der Vereinheitlichung gefangen, nach der Einstein seit 1920 gestrebt hatte.

Die Yang-Mills-Theorie

Auch Chen Ning Yang, Physiker am Brookhaven National Laboratory auf Long Island, und sein Mitarbeiter Robert Mills hatten in den fünfziger Jahren Thesen vorgeschlagen, denen nicht jene Beachtung geschenkt wurde, die sie verdient hätten. Ihr Ansatz, der die Macht der Symmetrie und Vereinheitlichung demonstrierte, wurde jahrelang fast vollständig ignoriert.

Yang wurde 1922 in Hefei in China als Sohn eines Mathematikprofessors geboren. Nach Abschluß seines Studiums an den Universitäten Kunming und Tsinghua führte ihn die rituelle Pilgerreise jedoch nicht – wie Oppenheimer und andere – nach Deutschland, sondern in die Vereinigten Staaten, denn für die neue Physikergeneration stand fest, daß die Physik der Nachkriegszeit von ausgewanderten Europäern beherrscht wurde, und das bedeutete eine Studienreise in die USA.

Yang traf 1945 in den USA ein, wo er bald den Spitznamen »Frank« – nach seinem Idol Benjamin Franklin – erhielt. Er promovierte 1948 an der University of Chicago, dem damaligen Mekka für Physiker, denn hier lehrte der italienische Physiker Enrico Fermi (der 1942 als erster nachwies, daß eine Kernreaktionskette kontrolliert ablaufen kann; dies führte zur Entwicklung sowohl der Atombombe als auch der Kernkraftwerke). Schon 1947 arbeitete Yang, damals noch Student im höheren Semester, an einer Theorie, die sowohl allgemeiner als auch raffinierter war als Maxwells Theorie. In der Rückschau ist deutlich, daß Maxwells Theorie zusätzlich zur Invarianz gegenüber den von Einstein entdeckten Raumzeit-Rotationen der Relativitätstheorie noch eine weitere Symmetrie enthält, die bereits erwähnte U(1). Konnte diese U(1)-Symmetrie auf eine SU(2)-Symmetrie oder noch höhere Symmetrien verallgemeinert werden?

Heisenberg hatte bereits gezeigt, daß die SU(2)-Symmetrie durch eine Transformation von Protonen und Neutronen in der Schrödingergleichung zustande kommt. Die Gleichungen, die Heisenbergs Theorie zugrunde liegen, waren »invariant« (d. h., sie bleiben unverändert), wenn Protonen in Neutronen oder Neutronen in Protonen umgewandelt wurden. Damals drehte Heisenberg diese Teilchen durch einen Winkel, der stets gleich blieb, egal ob die Protonen und Neutronen sich z. B. auf dem Mond oder auf der Erde befanden. Die Symmetrie blieb also erhalten, ganz unabhängig davon, wo die Protonen und Neutronen sich tatsächlich aufhielten.

Yang fragte sich nun, was die Folge einer noch eleganteren Theorie wäre, die invariant gegenüber Drehungen von Neutronen und Protonen durch einen Winkel ist, der zum Beispiel auf der Erde ein anderer wäre als auf dem Mond. Was wäre, wenn der Drehungswinkel sogar in jedem Punkt im Raum ein anderer wäre? Diese Vorstellung wurde nun in die Yang-Mills-Theorie (auch Eichtheorie genannt) integriert. Bei Ausarbeitung der Details dieser Theorie stellten Yang und seine Mitarbeiter fest, daß diese lokale Symmetrie mit einem neuen mesonartigen Teilchen bewahrt werden konnte, das ähnlich wie die W-Teilchen bei der schwachen Wechselwirkung fungierte. Wie erwartet, reagierten die meisten Physiker auf diesen Vorschlag, der einer der wichtigsten des Jahrhunderts werden sollte, mehr oder weniger gleichgültig.

Das Problem mit den »Yang-Mills-Teilchen« war, daß sie zuviel Symmetrie besaßen und keinem in der Natur bekannten Teilchen ähnelten. Nach der Yang-Mills-Theorie waren diese Teilchen z. B. völlig masselos, während das vermutete W-Teilchen eine endliche Masse besaß. So wurden die Yang-Mills-Teilchen in den nächsten zwei Jahrzehnten eher als wissenschaftliche Kuriosität behandelt. Um die Theorie realistischer zu machen, hätten diese Symmetrien auf irgendeine Weise gebrochen werden müssen, ohne dabei die guten Eigenschaften der Theorie zu verändern.

Also blieb die Yang-Mills-Theorie fast zwei Jahrzehnte ein Ladenhüter, der von neugierigen Physikern in regelmäßigen Abständen aufgegriffen und wieder zurückgestellt wurde. Die Theorie fand so gut wie keine Anwendung, weil sie (a) wahrscheinlich nicht renormierbar war (was allerdings niemand beweisen konnte) und (b) nur masselose Teilchen beschrieb, während die W-Teilchen Masse besaßen. Die Geschichte der Wissenschaft geht viele verschlungene Wege, aber die fast zwanzigjährige Nichtbeachtung der Yang-Mills-

Theorie rangiert unter den versäumten Möglichkeiten ganz oben.

Schließlich ließen sich einige Fortschritte erzielen, als Peter Higgs feststellte, daß man einige Symmetrien der Yang-Mills-Theorie brechen und damit Teilchen mit Masse erhalten konnte. Nun war man einer W-Teilchen-Theorie näher, doch noch immer glaubte niemand an ihre Renormierbarkeit.

Alles das änderte sich mit der Arbeit eines vierundzwanzigjährigen Physikers aus Holland, mit Gerard t' Hooft.

Die »Eichrevolution«

In der Geschichte der Physik sind es oft sehr junge Leute, die bahnbrechenden Entdeckungen auf die Spur kommen. Newton war dreiundzwanzig Jahre alt, als er die Gesetze der Schwerkraft entdeckte. Dirac formulierte seine Theorie der Antimaterie im Alter von sechsundzwanzig Jahren. Und auch Einstein war erst sechsundzwanzig Jahre alt, als er die berühmte Gleichung $E = mc^2$ niederschrieb.

Wie ist das zu erklären? Niemand weiß das so richtig, aber es wird vermutet, daß junge Physiker noch nicht die Vorurteile ihrer älteren Kollegen haben.

Gerard t' Hooft wies im Jahr 1971 nach, daß die Yang-Mills-Theorie, wenn man sie nach der Higgs-Methode bricht, renormierbar wird und damit eine sinnvolle Theorie der schwachen Wechselwirkungen ergibt.

Ohne zu übertreiben, kann man den Nachweis, daß diese Eichtheorien renormierbar sind, als eine Entdeckung bezeichnen, die mit der Wucht eines Vulkans in die Welt der Physik einbrach. Zum ersten Mal seit Maxwells Theorie in den sechziger Jahren des vorigen Jahrhunderts war eine Theorie entdeckt worden, die verschiedene fundamentale Kräfte der Natur miteinander vereinigte.

Zunächst wurde die Theorie mit den Symmetrien

SU(2) x U(1) für die Beschreibung der elektroschwachen Kraft benutzt; dann verwendete man sie für eine SU(3)-Gluonentheorie, die die Quarks aneinanderband. Und schließlich konnte man mit der SU(5) oder noch höheren Symmetriegruppen alle bekannten Teilchen in eine Familie integrieren.

Erstaunt nahmen Physiker angesichts der »Eichrevolution« zur Kenntnis, daß das Universum um vieles einfacher zu sein schien als ursprünglich angenommen. Steven Weinberg sagte dazu einmal: »[...] obwohl uns die Symmetrien verborgen bleiben, können wir fühlen, daß sie latent in der Natur vorhanden sind und alles um uns herum bestimmen. Das ist die aufregendste Vorstellung, die ich überhaupt kenne: die Natur ist um vieles einfacher, als es den Anschein hat. Nichts gibt mir mehr Hoffnung zu der Annahme, daß unsere Generation den Schlüssel zum Verständnis des Universums in der Hand hält, daß wir vielleicht noch während unserer Lebenszeit in der Lage sein werden zu erklären, warum alles, was wir in diesem immensen All der Galaxien und Teilchen sehen, zwingend so ist und nicht anders.«

Von GUT zu Strings

Das Modell der GUT, der Großen Vereinheitlichten Theorie, war vielversprechend, weil es aus nur wenigen Teilchen, die sich aus Quarks, Leptonen (Elektronen und Neutrinos) und den Yang-Mills-Teilchen zusammensetzen, Hunderte von Teilchen zusammensetzen konnte.

Allerdings tauchten Probleme auf, als die Teilchenbeschleuniger im Lauf der Zeit mehr und mehr »fundamentale« Quarks und Leptonen entdeckten, zu denen auch ein im Jahr 1974 entdecktes viertes Quark-Teilchen gehörte. Wieder einmal schien sich die Geschichte zu wiederholen.

In den fünfziger Jahren ertranken die Physiker fast in einem Meer von subatomaren Teilchen, die im Zusammenhang mit den starken Wechselwirkungen gefunden wurden und die schließlich zur Entdeckung der SU(3)-Symmetrie und des Quark-Modells führten.

Nun, in den späten Siebzigern und zu Beginn der achtziger Jahre, wurden immer mehr Quarks gefunden. Das Verwirrende an diesen neuen Quarks war, daß es Kopien früherer Quarks waren. Physiker mögen keine unnötigen Redundanzen, trotzdem war die nächste Quarkgeneration völlig identisch mit der zuvor entdeckten (außer daß ihre Mitglieder schwerer waren). Die Existenz identischer Quarks bedeutete jedoch, daß die GUT nicht als fundamentale Theorie des Universums gelten konnte.

Wenn wir heute alle für eine GUT nötigen Quarks zählen, kommen wir auf Quarks mit sechs »Flavors« und drei »Farben« (das Ganze verdoppelt sich noch, wenn wir die Antiquarks dazu nehmen). Damit würde sich die Gesamtzahl der »fundamentalen« Quarks und Leptonen auf mindestens 48 erhöhen – zuviel für eine elementare Theorie? Tatsächlich kennt man heute mehr »fundamentale« Leptonen und Quarks, als es in den fünfziger Jahren Teilchen gab – als Physiker erstmals auf die Existenz subnuklearer Teilchen stießen.

Demnach kann die GUT unter keinen Umständen eine endgültige Theorie des Universums sein.

Im Gegensatz dazu löst das Superstring-Modell das Problem der ausufernden Quarks durch das Postulat einer einzigen Entität – den Strings – als fundamentaler Einheit der Materie mit einer E(8) x E(8)-Symmetrie.

(Lie fand heraus, daß eine weitere Gruppe zusätzlich zu den SU(N)-Gruppen existiert, die sogenannten E(6)-, E(7)- und E(8)-Gruppen (E steht für »exceptional«, außerordentlich). Das Besondere daran war, daß diese Gruppen bei E(8) aufhörten, also ihre Anzahl nicht unendlich war. Die E(8)-Gruppe, die die GUT-Symmetrie enthält, ist für die Strings von großer Bedeutung.)

Warum drei redundante Familien von GUT-Teilchen?

Elektronenfamilie	*Myonenfamilie*	*Tau-Familie*
Elektron	Myon	Tau
Neutrino	Myon-Neutrino	Tau-Neutrino
up-Quark	strange-Quark	top-Quark
down-Quark	charmed-Quark	bottom-Quark

Eine der unangenehmsten Seiten der GUT ist, daß sie außerstande ist, die Existenz der drei identischen Teilchenfamilien zu erklären. Die Superstring-Theorie hingegen beschreibt diese Redundanten-Familien als unterschiedliche Schwingungen desselben Strings.

Origami und Symmetrie

Warum funktioniert die Superstring-Theorie so gut?
Es sind vor allem zwei sehr leistungsfähige Symmetrien, die konforme Symmetrie und die Supersymmetrie, die für die wunderbaren Eigenschaften des Superstring-Modells verantwortlich sind. Die konforme Symmetrie läßt sich gut mit Hilfe von Origami verdeutlichen. (Die Supersymmetrie werden wir im folgenden Kapitel diskutieren.)

Wie bereits erwähnt, sind Spielzeugstäbchen nützlich bei der Berechnung der S-Matrix für Punktteilchen. Mit den verschiedenen Stücken und Verbindungsteilen läßt sich eine unendliche Anzahl von Feynman-Diagrammen herstellen, die zusammen die S-Matrix ergeben.

Doch in den meisten Feynman-Diagrammen läßt sich kein tieferliegender Sinn erkennen. Wir haben lediglich auf jede nur denkbare Weise Stäbchen aneinandergefügt. Glücklicherweise braucht man für einfache Theorien, wie beispielsweise die QED, nur einige wenige Diagramme, um eine spektakuläre Übereinstimmung mit den vorhandenen Daten zu erzielen.

Eine Quantentheorie der Gravitation jedoch benötigt Zehntausende dieser Diagramme, um auch nur ein einziges Schleifendiagramm zu beschreiben; zu allem Übel sind fast alle dieser Diagramme divergent. Ist die Natur wirklich so kompliziert? Jeder, der sich jahrelang mit diesen Diagrammen geplagt und Tausende von Seiten mit Gleichungen gefüllt hat, ist sich gewiß, daß es eine zugrundeliegende Struktur (Symmetrie) geben muß.

Diese Symmetrie liefert die Superstring-Theorie, die es ermöglicht, die Vielzahl von Diagrammen auf einige wenige zu reduzieren. Dabei ist der große Vorteil, daß die Diagramme wie Gummi gedehnt oder auch verkürzt werden können, ohne ihren Wert zu verändern. Auf der ersten Schleifenebene haben wir beispielsweise statt Zehntausenden von Feynman-Diagrammen nur eines! Sämtliche Ein-Schleifen-Diagramme erweisen sich als identisch, wenn sie gedehnt werden.

Es ist klar, daß diese Symmetrie eine enorme Vereinfachung der Theorie zur Folge hat. Sie ist in der Tat so leistungsfähig, daß sie Tausende von Divergenzen annulliert und schließlich eine endliche S-Matrix ergibt.

Gebrochene Symmetrie

Wenn die Natur völlig symmetrisch wäre, würde unsere Arbeit als Physiker um vieles leichter sein. Eine vereinheitlichte Theorie würde keinerlei Schwierigkeiten bereiten, denn es gäbe nur eine einzige Urkraft und nicht vier. Doch die Natur steckt voller Überraschungen in Form von gebrochenen Symmetrien. So ist sie beispielsweise nicht vollkommen kristallin oder uniform, sondern mit unregelmäßigen Galaxien, einseitig orientierten planetarischen Umlaufbahnen und ähnlichem angefüllt. Die Welt ist voller Beispiele von Symmetrien, die im Verborgenen liegen, weil sie gebrochen sind. (Tatsächlich wäre das Universum ziemlich fad, wenn es keine gebrochenen Symmetrien gäbe. Dann gäbe es keine Menschen (weil keine Atome da wären), Leben wäre nicht möglich und die ganze Chemie würde zusammenbrechen. Alles wäre vollkommen homogen und langweilig. So haben wir es also den Symmetriebrechungen zu verdanken, daß unser Universum so interessant ist.)

Die gebrochenen Symmetrien liefern beispielsweise die Erklärung dafür, weshalb Wasser gefriert. Wasser in flüssiger Form besitzt große Symmetrie. Wie wir Wasser auch drehen, es bleibt immer Wasser. Selbst die Gleichungen, die das Wasser bestimmen, haben dieselbe Symmetrie. Läßt man Wasser jedoch langsam abkühlen, bilden sich zunächst wahllos Eiskristalle, die in alle möglichen Richtungen wachsen und ein chaotisches Netz erzeugen, das schließlich zu Eis wird. Und hier liegt auch der Kern des Problems: Obwohl die Gleichungen ursprünglich sehr symmetrisch waren, besitzen die Lösungen dieser Gleichungen nicht zwangsläufig ebenfalls diese Symmetrie.

Der Grund für diese Phasenübergänge ist, daß die Natur immer das niedrigste Energiestadium bevorzugt. Dieses Phänomen läßt sich überall nachweisen. Wasser fließt zum Beispiel immer abwärts, weil es versucht, den niedrigsten Energiezustand zu erreichen. Phasenübergänge treten auf, wenn ein System sich ursprünglich im falschen Energiezustand befand (manchmal als »falsches Vakuum« bezeichnet) und nun bestrebt ist, den niedrigsten Energiezustand zu finden.

Wiederherstellung der Symmetrie

Der Versuch, die gebrochenen Teile einer Symmetrie zu analysieren, um damit die verborgene Symmetrie aufzudekken, ist hoffnungslos. Es gibt jedoch eine Möglichkeit, die ursprüngliche Symmetrie wiederherzustellen. Durch das Erhitzen von Eis kann man beispielsweise wieder zu Wasser und damit zu einer O(3)-Symmetrie gelangen. Entsprechend müssen wir, wenn wir die verborgenen Symmetrien der vier Urkräfte wiederfinden wollen, die Theorie neu aufwärmen, d. h., wir müssen bis zum Urknall zurückgehen, als die Temperaturen so hoch waren, daß die Symmetrie der Superstrings noch ungebrochen war. Natürlich können wir das Universum nicht wirklich erhitzen und die Bedingungen des Big Bangs wiederherstellen. Doch das Studium der Vorgänge während des Urknalls hilft uns bei der Analyse des Universums zu der Zeit, als die Symmetrien noch ungebrochen waren.

Tatsächlich vermuten die Physiker, daß am Anfang der Zeit so hohe Temperaturen herrschten, daß alle vier Urkräfte in einer einzigen Kraft verschmolzen waren. Als sich das Universum dann abkühlte, begann die Symmetrie, die die vier Kräfte vereinigt hatte, nach und nach zusammenzubrechen.

Mit anderen Worten, der Grund für die Existenz der heutigen unterschiedlichen vier Urkräfte liegt darin, daß unser Universum so alt und so kalt ist. Wenn wir den Urknall selbst hätten miterleben können und wenn unsere Theorie stimmt, dann hätten wir gesehen, daß sich alle Materie in den Symmetrien des Superstrings manifestierte, so wie die Supersymmetrie, die wir im nächsten Kapitel erklären.

Doch wenn Physiker behaupten, die Supersymmetrie sei der Schlüssel zu allen diesen Problemen, und wenn die Supersymmetrie tatsächlich eine so einfache Theorie ist, warum hat sie sich dann bei den Physikern für lange Zeit nicht durchsetzen können?

7. Supersymmetrie

Der Mann, der vorrangig an der Entdeckung der Superstrings beteiligt war, ist John Schwarz vom California Institute of Technology. John Schwarz entstammt, wie auch einige andere führende Superstring-Physiker, einer Wissenschaftler-Familie. Beide Eltern waren als Naturwissenschaftler tätig, sein Vater als Chemiker in der Industrie, seine Mutter als Physikerin an der Wiener Universität. Ihr stand eine Mitarbeit bei Madame Curie in Paris in Aussicht, doch die große Chemikerin starb, noch ehe es zu einer Zusammenarbeit hatte kommen können. Beide Eltern waren ungarischer Herkunft; sie emigrierten im Jahr 1940, als der Antisemitismus in Deutschland immer schlimmere Formen annahm, in die Vereinigten Staaten. John Schwarz wurde im Jahr 1943 in North Adams, Massachusetts, geboren.

Als Student an der Harvard University schrieb sich Schwarz zunächst in Mathematik ein, doch er graduierte 1962 in Physik. »Die Mathematik fing allmählich an, mich zu frustrieren«, erinnert er sich, »zwar hat das Studium Spaß gemacht, aber ich sah keinen rechten Sinn darin. Ich fand es viel wichtiger und auch befriedigender, mich mit den Fragen zu beschäftigen, die die Natur uns stellt.«[1]

Nachdem er sein Studium in Harvard abgeschlossen hatte, ging Schwarz an die University of California in Berkeley. »Das war damals geradezu eine Brutstätte der theoretischen Physik«, erinnert er sich liebevoll. Die S-Matrix-Theorie befand sich auf ihrem Höhepunkt, und sowohl er als auch David Gross von der Universität Princeton arbeiteten bei Geoffrey Chew. Auch Steven Weinberg und Sheldon Glashow, die später beide zu den brillantesten Figuren in der Physik zählen sollten, waren junge Fakultätsmitglieder in Berkeley. »Weinberg hatte eine starke Ausstrahlung«, erinnert sich Schwarz, »man spürte sie, sobald er einen Raum betrat. Er war eine große Persönlichkeit.«[2]

Nach seiner Promotion in Berkeley im Jahr 1966 fand Schwarz eine Anstellung an der Princeton University und veröffentlichte dort mit zwei jungen französischen Kollegen, André Neveu und Joël Scherk, eine Reihe von Artikeln über die Superstrings. Im Jahr 1971 erkannten Neveu und Schwarz, daß die von Veneziano und Suzuki vorgeschlagene Verwendung der Beta-Funktion einen grundlegenden Fehler enthielt: Ihre Theorie konnte nicht den »Spin«, d. h. den Drehimpuls der Teilchen, erklären, die es in der Natur gibt.

Alle Objekte, angefangen von den Galaxien (die für eine Umdrehung viele Millionen Jahre brauchen können) bis hin zu subatomaren Teilchen (die sich in einer Sekunde einige Millionen mal drehen) haben einen »Spin« d. h. Drehimpuls. Einige uns allen vertraute Gegenstände wie zum Beispiel der Kreisel können sich fast beliebig rasch drehen. Ein Plattenteller dreht sich je nach Einstellung mit 33 ⅓ bzw. 45 Umdrehungen pro Minute.

Doch in der Quantenwelt ist der Spin eines Elektrons genau festgelegt. So wie auch das Licht nur in »diskreten Paketen«, den Photonen, auftritt, können subatomare Teilchen nur mit ganz bestimmten Werten des Drehimpulses rotieren.

Tatsächlich unterteilt die Quantenmechanik alle im Kosmos vorhandenen Teilchen in nur zwei Kategorien: *Bosonen* und *Fermionen*.

So sind zum Beispiel die Elektronen und Protonen, aus denen sich die Atome z. B. des menschlichen Körpers zusammensetzen, ebenso wie alles, was uns umgibt, ausschließlich Fermionen mit dem halbzahligen Spin ½, 3/2, 5/2 usw., gemessen in Einheiten der Planckschen Konstante. Der Name der Fermionen geht auf den Physiker Enrico Fermi zurück.

Als Beispiel für Bosonen sei an die Gravitation erinnert, der wir es verdanken, daß wir auf der Erde bleiben und nicht in den Weltraum geschleudert werden. Ein weiteres Beispiel ist das Licht. Ohne Bosonen wäre das Weltall völlig dunkel und es gäbe auch keine Schwerkraft, die die Sternkugeln zusammenhält. Bosonen haben einen ganzzahligen Spin von 0, 1, 2 etc. Sie sind nach ihrem Entdecker, dem indischen Physiker Satyendra Bose, getauft.

Fermionen	*Spin:*	*Bosonen*	*Spin:*
Elektron	½	Photon	1
Neutron	½	Graviton	2
Proton	½	W-Teilchen	1
Neutrino	½	Pi-Meson	0
Quark	½		

Der Spin eines Teilchens ist gequantelt und wird in Einheiten der Planckschen Konstante dividiert durch 2π gemessen – einer unwahrscheinlich kleinen Zahl. Das Elektron zum Beispiel hat einen Spin von $\frac{1}{2} \cdot \frac{h}{2\pi}$, das Photon von $1 \cdot \frac{h}{2\pi}$.

Heute wissen wir, daß Nambus String-Theorie, die eine Erklärung für die Beta-Funktion von Veneziano/Suzuki liefert, auf einem bosonischen String aufbaut. Neveu, Schwarz und Ramond vervollständigten die Theorie durch die zusätzliche Einführung des *fermionischen* Strings und schufen damit (geringfügig abgeändert) die Basis für die heutige Superstring-Theorie.

Die Theorie von Neveu, Schwarz und Ramond schlug eine neue S-Matrix vor, die noch bessere Eigenschaften aufwies als die ältere Version von Veneziano und Suzuki, doch lag der Ursprung dieser fast ans Wunderbare grenzenden Merkmale völlig im Dunkel. Wann immer solche wunderbaren »Zufälle« auftreten, mutmaßen Physiker meist, daß eine verborgene Symmetrie dafür verantwortlich ist.

1971 fanden Bunji Sakita vom City College in New York und Jean-Loup Gervais von der Pariser École Normale schließlich eine Antwort, die das Rätsel zumindest teilweise erklärte. Sie wiesen nach, daß die Neveu-Schwarz-Ramond-Theorie tatsächlich eine verborgene Symmetrie besitzt, die für die erstaunlichen Eigenschaften der Theorie verantwortlich war. Dies war die Geburt der Supersymmetrie.

(Die Supersymmetrie wurde zur gleichen Zeit von zwei russischen Physikern entdeckt, Y. A. Gol'fand und E. P. Likhtman, deren Arbeit jedoch im Westen damals nicht anerkannt wurde.)

Die von Gervais und Sakita entdeckte Supersymmetrie war die ungewöhnlichste Symmetrie, auf die man je gestoßen war. Zum ersten Mal konnte eine Symmetrie ein bosonisches Objekt in ein fermionisches umwandeln. Es bedeutete, daß alle bosonischen Teilchen des Universums einen fermionischen Partner haben.

(Die Symmetrie war dennoch nicht vollständig, da sie nur zwei Dimensionen besaß: Wenn sich nämlich ein eindimensionaler String bewegt, überstreicht er eine zweidimensionale Oberfläche, einen Streifen.)

Die neue Superstring-Theorie und die Entdeckung einer völlig neuen Symmetrie, bei der ein Austausch von Fermionen und Bosonen stattfindet, verursachte die größte Aufregung.

Trotzdem erlitt die Theorie Mitte der siebziger Jahre Schiffbruch.

Der strengste Kritiker

Wie bereits erwähnt, führte die Entdeckung, daß Nambus bosonische Strings nur in sechsundzwanzig Dimensionen und die Superstrings von Neveu-Schwarz-Ramond nur in zehn Dimensionen existieren können, dazu, das Modell in den siebziger Jahren fast völlig fallenzulassen. Schwarz und sein Kollege Michael Green schienen die einzigen zu sein, die noch an der String-Forschung interessiert waren. Das Studium von Vorgängen in einer zehndimensionalen Raumzeit war offensichtlich für die meisten Physiker wenig attraktiv.

Schwarz war jedoch davon überzeugt, daß alle Probleme in den Griff zu bekommen seien. Dabei half ihm ein Gespräch, das er in diesen mageren Jahren mit Richard Feynman führte. Feynman bemerkte, daß man bei der Aufstellung einer neuen Theorie stets selbst sein ernsthaftester Kritiker sein müsse. Schwarz wußte, daß Feynman verhindern wollte, daß er seine produktivsten Jahre der String-Theorie opferte, die ihn höchst wahrscheinlich doch nur in eine Sackgasse führen würde. Doch Feynmans gutgemeinte Bemerkung hatte auf ihn die gegenteilige Wirkung. »Feynman wußte es nicht«, sagte er, »aber bei meiner Arbeit an der String-Theorie habe ich versucht, so kritisch wie irgend möglich zu sein, und doch konnte ich keinen Fehler entdecken.«

Die Entwicklung der Theorie erlitt durch den plötzlichen Tod von Joël Scherk einen weiteren Rückschlag. Michio Kaku erinnert sich an sein erstes Zusammentreffen mit Scherk im Jahr 1970 in Berkeley, kurz nachdem dieser Princeton verlassen hatte. Gemeinsam veröffentlichten sie den ersten Artikel über die singulare Struktur der Multischleifen-Diagramme. »Scherk war ein unkonventioneller, sehr liebenswürdiger Mensch, der in der Friedensbewegung zu Hause war, die damals in Haight-Ashbury in San Francisco und in Berkeley ihre Blütezeit erlebte. Nachdem er Berkeley verlassen hatte, kehrte er nach Frankreich zurück, auf die für ihn typische, unkonventionelle Art und Weise. Zunächst reiste er nach Japan, um dort einige Wochen in einem buddhistischen Kloster zu verbringen und sich in Askese und Meditation zu üben, und fuhr dann mit der transsibirischen Eisenbahn zurück nach Europa.«

In dieser Zeit erkrankte er sehr schwer an Diabetes. Deshalb, doch wahrscheinlich auch wegen immer größer werdender persönlicher Probleme nahm er sich im Jahr 1980 das Leben.

Der Aufstieg der Supergravitation

Trotz des rapiden Niedergangs der String-Theorie versuchten einige Physiker, die Supersymmetrie als eine Symmetrie der traditionellen Punktpartikel zu retten. Eine Symmetrie, die Fermionen in Bosonen verwandelte und umgekehrt, war einfach zu gut, als daß man sie ohne weiteres hätte aufgeben können.

Inspiriert durch die Arbeit von Gervais und Sakita, zeigten Bruno Zumino (heute in Berkeley) und Julius Wess (heute in München), wie diese neue Symmetrie aus der String-Theorie gewonnen und auf eine einfache Punktpartikel-Theorie mit vier Dimensionen (d. h. eine traditionelle Quantenfeldtheorie) reduziert werden kann. Sie gingen von einer der simpelsten Feldtheorien aus – ein Boson mit Spin 0, das in Wechselwirkung zu einem Fermion mit Spin ½ steht – und bewiesen, daß man damit eine Supersymmetrie erhalten kann. Wichtiger noch war der Nachweis, daß die Supersymmetrie tatsächlich viele unerwünschte Divergenzen, die in Quantenfeldtheorien der Punktpartikel auftraten, beseitigen konnte. Ebenso wie die SU(N)-Symmetrien der Yang-Mills-Theorie alle Divergenzen der W-Teilchen-Theorie ausschaltete, eliminierte die Supersymmetrie viele (wenn auch nicht alle) Divergenzen der Punktpartikel-Theorie.

Zur Verdeutlichung die linke Abbildung des Feynman-Diagramms: Es ist divergent, denn ein Fermion umkreist die innere Schleife. Wess und Zumino entdeckten zu ihrer Überraschung, daß diese Divergenz die Divergenz des rechts gezeigten Diagrammes annullieren konnte, bei dem ein Boson in der inneren Schleife zirkuliert.

Anders ausgedrückt, die Divergenz der linken Schleife annulliert die Divergenz der rechten Schleife, wodurch ein endliches Resultat erzeugt wird.

Mit Symmetrieüberlegungen lassen sich auch Probleme außerhalb der Physik lösen. Nehmen wir an, eine Näherin

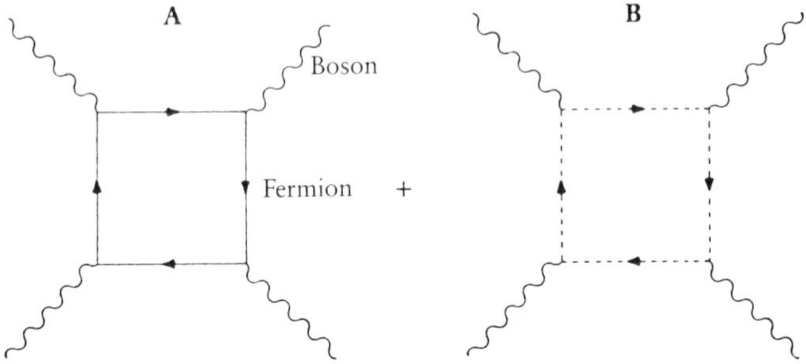

Im Diagramm A repräsentiert die innere ausgezogene Linie ein Fermion. Die Divergenz im Diagramm A annulliert die Divergenz im Diagramm B, die ein Boson enthält (repräsentiert durch eine punktierte Linie). Damit ergeben die beiden Diagramme zusammen eine endliche Größe.

habe ein besonders schönes Brautkleid genäht. Kurz vor der Hochzeit entdeckt sie plötzlich, daß der Saum etwas schief ist. Sie hat jetzt zwei Möglichkeiten: Sie kann in ihrer Panik zum Geschäft laufen, in dem sie den Schnitt kaufte, das Kleid mit dem Originalschnitt vergleichen und vorsichtig den überschüssigen Stoff abschneiden. Oder sie nimmt die Kraft der Symmetrien zu Hilfe, faltet das Hochzeitskleid, so daß beide Seiten aufeinanderliegen und schneidet dann den unerwünschten überschüssigen Stoffrest ab.

So ähnlich erlaubt uns die Supersymmetrie, die beiden Seiten der divergenten Feynman-Diagramme einander anzugleichen, bis sie sich gegenseitig, ohne jeden Überschuß, annullieren.

Da die Supersymmetrie sich den Punktpartikel-Theorien umstandslos anpassen ließ, kamen im Jahr 1963 drei Physiker der State University of New York auf Einsteins alte Gravitationstheorie zurück. Sie nahmen sich Wess und Zumino als Beispiel, fügten dem Graviton einen fermionischen Partner hinzu und schufen eine neue Theorie, die sie »Supergravitation« nannten.

Die Supergravitation ist zwar nur ein kleiner Teil der Superstring-Theorie (und taucht auf, wenn wir die Länge eines Strings auf Null, d. h. auf einen Punkt, reduzieren), aber dennoch, auch für sich genommen, eine interessante Idee. Sie repräsentiert gewissermaßen den halben Weg zwischen Einsteins Gravitationstheorie und der Superstring-Theorie.

Da das Graviton zwei Spineinheiten hat, benötigt es einen Partner mit einem halbzahligen Spin, nämlich $3/2$, den die Physiker »Gravitino« nennen.

Als die Supergravitation auf der Bildfläche erschien, erregte sie einiges Aufsehen, denn sie war nach sechzig Jahren die einfachste und einzige nicht triviale Weiterentwicklung der Einsteinschen Gleichungen. Tatsächlich veröffentlichte eine Zeitschrift eine Karikatur ihrer beiden Schöpfer, Peter van Nieuwenhuizen und Dan Freedman, auf der beide in die Luft springen, so als ob sie die Gesetze der Schwerkraft widerlegen wollten und dabei eine Art von Antigravitation produzierten.[6]

Nachdem man anfangs große Erwartungen in die Supergravitation gesetzt hatte, stellte sich jedoch später heraus, daß sie große Schwächen hatte und sich mit ihr die Naturkräfte nicht vereinigen ließen. Sie war nicht weitreichend genug, um alle bekannten Teilchen unterzubringen. Die kleinste Lie-Gruppe, die sämtliche bekannten Teilchen unterbringen kann, ist die SU(5). Und die größte Lie-Gruppe, die noch zur Supergravitation passen würde, wäre O(8), wiederum zu klein, um alle Quarks und Leptonen gleichzeitig in einer echten GUT zusammenzufassen.

Letztendlich war die Supergravitation zwar eine attraktive Theorie, doch ihre Symmetrie reichte nicht aus, um die Divergenzen zu eliminieren oder Quarks und Leptonen einzubeziehen.

*Das Princeton String Quartet**

Gegen Ende der siebziger Jahre erkannte man, daß die Supergravitations-Theorie ein kleiner Teil der Superstring-Theorie war. Die Supergravitations-Theorie geht beispielsweise aus der Theorie der Superstrings hervor, wenn man die kleinsten geschlossenen Superstrings betrachtet.

Jedoch erschien die Superstring-Theorie noch immer als zu mathematisch, um realistisch zu sein.

Erst die Entdeckung von Green und Schwarz im Jahr 1984, daß die Superstring-Theorie frei von allen Anomalien ist, löste das explosionsartig ansteigende Interesse an ihr aus. Nachdem sie bei den meisten Physikern bereits als tot und begraben galt, gelang ihr nun innerhalb kürzester Zeit der Sprung zurück ins Leben, und dabei entpuppte sie sich als die leistungsfähigste Quantenfeldtheorie, die je erdacht worden war.

Mittlerweile war deutlich geworden, daß zur Eliminierung aller Divergenzen in der Gravitationstheorie eine sehr große Symmetriegruppe erforderlich sein würde, und die Superstring-Theorie übertraf an Symmetrien alles je Dagewesene.

Vier Physiker aus Princeton, David Gross, Jeffrey Harvey, Emil Martinec und Ryan Rohm, entdeckten einen neuen Superstring mit der Symmetriegruppe E(8) x E(8), der sogar noch bessere Eigenschaften aufwies als der Green-Schwarz-Superstring. Die Princeton-Gruppe (kurz das Princeton String Quartet genannt) zeigte, daß der E(8) x E(8)-String mit allen anderen früheren GUTs kompatibel war und demzufolge mit allen bekannten Experimenten übereinstimmte. Der Princeton-Superstring ist gegenwärtig der führende Kandidat für eine Theorie des Universums.[7]

Da die E(8)-Symmetrie der SU(5)-Symmetrie überlegen ist,

* zu deutsch: »Streichquartett«.

paßt die Theorie nicht nur zu allen GUTs, sondern sagt auch Tausende neuer Teilchen voraus, deren Existenz bisher unbekannt war.

Superzahlen

Die Superstring-Theorie ist sicherlich eine besonders ausgefallene Theorie, und die ihr zugrundeliegende Symmetrie steht ihr in diesem Punkt in nichts nach.

Die Supersymmetrie hat sich bis heute in der Natur noch nicht bestätigt. Sie existiert bisher nur auf dem Papier, doch als theoretisches Modell ist sie so schön und zwingend, daß die meisten Physiker es lediglich für eine Frage der Zeit halten, bis ihre Existenz nachgewiesen sein wird.

Doch weshalb wurde die Supersymmetrie, wenn sie tatsächlich so großartig ist, nicht schon viel früher entdeckt? Warum mußte vorher die Superstring-Theorie entwickelt werden?

Dafür gibt es einen einfachen Grund, der bis in eine Zeit zurückreicht, als die Menschen zählen lernten.

Seitdem die Menschheit vor Tausenden von Jahren die Zahlen entdeckte, bringt sie diese mit greifbaren realen Objekten in Zusammenhang. Wir wissen, daß man Zahlen addieren kann; wir haben gelernt, daß fünf Schafe und zwei Schafe sieben Schafe ergeben. Im Verlauf der immer komplexer werdenden Menschheitsgeschichte mußten Regeln gefunden werden, nach denen man immer größere Zahlen addieren und subtrahieren konnte. Die Römer, die ein weltweites Imperium regierten und über viele Nationen herrschten, erfanden höchst komplizierte Rechensysteme, um ihre Steuern einziehen und Handel treiben zu können. So wurden die frühen Regeln der Arithmetik entwickelt, um Waren kaufen und verkaufen zu können.

In der Antike erkannte man, daß Zahlen in beliebiger Reihenfolge addiert oder multipliziert werden können. Wir wissen zum Beispiel, daß $2 \times 3 = 3 \times 2 = 6$ ist; wir können das Ergebnis mit den Fingern nachzählen und überprüfen, ob es korrekt ist. Aber können die Beziehungen, die zwischen den Zahlen gelten, auch auf eine einheitliche Feldtheorie angewendet werden?

Einer der Gründe, weshalb die Supersymmetrie so viele Jahre lang unentdeckt blieb, ist, daß unser bekanntes Zahlensystem nicht ausreicht, um sie zu beschreiben. Es ist ein neues Zahlensystem erforderlich, das nicht den Regeln des »gesunden Menschenverstandes« gehorcht. Dieses neue System besteht aus sogenannten »Graßman«-Zahlen. Im Graßman-Zahlensystem ist $a \times b = - b \times a$. Das so unschuldig aussehende Minuszeichen hat weitreichende Konsequenzen, wenn man es auf die theoretische Physik anwendet.

Das Minuszeichen bedeutet zum Beispiel, daß $a \times a = - a \times a$ ist. Vielleicht erhebt der Leser an diesem Punkt Einspruch, weil das bedeutet, daß $a \times a = 0$ ist. Normalerweise würde man sagen, dann ist $a = 0$. Bei den Graßman-Zahlen verhält es sich jedoch anders.

Mit den Graßman-Zahlen kann dennoch ein sinnvolles arithmetisches System konstruiert werden, in dem $a \times b = - b \times a$ ist. Das System ist nachweisbar mathematisch in sich konsistent und stellt ein vollkommen befriedigendes arithmetisches System dar.

Man muß ein paar Augenblicke innehalten, ehe man die Implikationen dieses bizarren Zahlensystems in ihrem vollen Umfang versteht. Denn es heißt nichts anderes, als daß wir über die letzten zehn Jahrtausende unserer Arithmetik hinausgehen müssen.

Wie alle anderen Entwicklungen in der Geschichte der vereinheitlichten Feldtheorie erzeugt auch die Supersymmetrie eine eigene spezielle Vereinheitlichung: Sie vereinigt das Konzept der reellen Zahlen mit einer Graßman-Zahl und erzeugt dabei eine »Superzahl«.

Ohne sich dessen bewußt zu sein, hegten Physiker über

lange Zeit ein grundlegendes Vorurteil dagegen, die Graßman-Zahlen bei der Erforschung der Natur einzusetzen. Aus diesem Grund blieb die Supersymmetrie so lange verborgen. Sogar Sophus Lie, der große norwegische Mathematiker, der glaubte, alle nur möglichen Gruppen katalogisiert zu haben, übersah die auf den Graßman-Zahlen basierenden Supersymmetriegruppen völlig.

Vielleicht ist man versucht zu behaupten, daß diese abstrakten Konstruktionen keinerlei physikalischen Gehalt hätten. Doch die Graßman-Zahlen sind eminent praktisch, denn sie beschreiben die Fermionen. Das bedeutet nicht weniger, als daß wir alle aus Teilchen bestehen, die nur mit Hilfe der Graßman-Zahlen beschrieben werden können.

Supersymmetrie am Beginn der Zeit

Die größte Schwierigkeit bei der Supersymmetrie ist, daß es keinerlei experimentelle Anzeichen für ihre Existenz gibt. Wenn die Supersymmetrie beispielsweise in den uns gewohnten Energiebereichen läge, hätte das Elektron mit dem Spin ½ einen Partner, das Meson mit dem Spin 0. Experimentell ist das jedoch bislang nicht nachgewiesen. Es überrascht also kaum, daß die Supersymmetrie häufig als eine »Lösung auf der Suche nach einem Problem« bezeichnet wird, da die Natur sie – jedenfalls im Rahmen der mit unseren Mitteln erreichbaren Energiebereiche – ungeachtet ihrer Schönheit und Eleganz völlig zu ignorieren scheint.

Doch die Anhänger der Supersymmetrie lassen sich nicht irremachen. Wenn die Supersymmetrie im niedrigenergetischen Bereich nicht experimentell nachgewiesen werden kann, propagieren sie den Bau von noch leistungsfähigeren Teilchenbeschleunigern, die noch tiefer in das Innere eines Protons eindringen können. Ihrer Ansicht nach liegt das Problem nicht in der Supersymmetrie selbst begründet, sondern darin, daß die Kapazität unserer Apparaturen im hochenergetischen Bereich noch verbessert werden muß. Wie schon im 1. Kapitel näher angeführt, ist die Realisierung der Pläne für den Bau eines gigantischen Beschleunigers, des SSC, wegen der hohen Kosten fraglich geworden. In naher Zukunft wird daher wohl keine experimentelle Bestätigung der Theorie möglich sein.

Antaeus

In den zwanziger Jahren experimentierten die Physiker auf dem Gebiet der Elementarteilchenphysik, indem sie kosmische Strahlung (Strahlung aus dem Weltraum, deren Ursachen noch nicht vollständig erforscht sind) mit Geräten untersuchten, die nur einen minimalen Bruchteil so teuer sind wie unsere heutigen Teilchenbeschleuniger. Für solche Experimente wurden photographische Platten benutzt, die in großen Ballons in die obere Troposphäre geschickt wurden. Es war ein langwieriger Prozeß: Die Ballons mußten nach ihrer heilen Landung auf der Erde wieder geborgen werden, dann wurden die Filme entwickelt und monatelang die möglichen Spuren der hochenergetischen kosmischen Strahlung untersucht. Es war eine langsame, vom glücklichen Zufall abhängige Methode, denn niemals konnten die Physiker voraussagen, was sie schließlich finden würden. (Das berühmte Pi-Meson von Yukawa zum Beispiel, das die starke Wechselwirkung vermittelt, wurde erst nach monatelanger Suche entdeckt, als man die Spuren der kosmischen Strahlung auf Photoplatten untersuchte.)

Solche Untersuchungen waren außerdem eine zeitraubende Beschäftigung; die Energie konnte nicht vorausgesagt werden, und es war unmöglich, kontrollierte Experimente mit kosmischer Strahlung durchzuführen, deren Energie im voraus nicht abzuschätzen war.

All das änderte sich mit der Erfindung des ersten Teilchenbeschleunigers, des Zyklotrons, durch Ernest Lawrence an der University of California in Berkeley. Diese neue Apparatur konnte, sozusagen auf Bestellung, direkt im Labor Strahlung erzeugen, die den kosmischen Strahlen ähnelte. (Das erste, von Lawrence erbaute Zyklotron hatte einen Durchmesser von nur einigen Zentimetern und erzeugte einen schwächlichen Energiestrahl, doch über die Jahrzehnte wurde das Projekt weiterverfolgt, bis zum Plan des gigantischen SSC.)

Man kann diese Evolution mit der Entwicklung der Menschengeschichte vergleichen. Unsere frühen Vorfahren lebten Hunderttausende von Jahren von dem, was sie in den Wäldern und Steppen an Eßbarem fanden. Das Leben war ein langsamer, vom Zufall abhängiger Prozeß, bis die Menschheit schließlich die Natur besser verstehen lernte und begann, sich durch Ackerbau und Viehzucht zuverlässigere Nahrungsquellen zu erschließen, so daß man nicht länger auf Zufälle angewiesen war.

Das Ziel ist, eine Maschine zu bauen, die es gestattet, der Frage nachzugehen, ob die Elementarkräfte der Natur ursprünglich nur *eine* Kraft waren. Der SSC avancierte damit nicht nur zum teuersten, sondern auch zum größten wissenschaftlichen Apparat, der je gebaut würde.

Die Magnetspulen des geplanten SSC sollten Magnetfelder von über 6.6 Tesla erzeugen können, das wäre ca. 130 000mal so stark wie das Magnetfeld der Erde. Sie lassen sich durch einen Quanteneffekt erzeugen, der als »Supraleitung« bekannt ist. Dabei sinkt der elektrische Widerstand von Metallen auf Null, wenn sich die Temperaturen dem absoluten Nullpunkt nähern. Die Magneten werden mit flüssigem Helium gekühlt, das auf einer Temperatur von 4,35 Grad über dem absoluten Nullpunkt konstant gehalten wird.

Die Maschine soll in einem etwa 6 m breiten und über

300 km langen kreisförmigen Tunnel unter der Erde installiert werden (um die intensive Strahlung, die die Maschine erzeugt, abzufangen). Im Tunnelinneren sollen eine Reihe starker Magneten den Weg der Teilchen krümmen, wenn sie sich entlang des Rings bewegen.

Das Herz des SSC besteht aus zwei einzelnen Röhren, ca. 65 cm im Durchmesser, die den Tunnel durchziehen. Innerhalb der beiden Röhren bewegen sich zwei Protonenstrahlen in entgegengesetzter Richtung; sie werden durch Elektroden, die entlang des Tunnels installiert sind, auf enorm hohe Energien beschleunigt. Protonen werden darin innerhalb 15 Minuten nahezu auf Lichtgeschwindigkeit gebracht. Schließlich werden elektromagnetische Tore geöffnet, und die beiden Strahlen stoßen frontal zusammen; dabei werden enorme Temperaturen erzeugt und Bedingungen, wie es sie seit dem Urknall nicht mehr gibt.

Die Wissenschaftler hoffen, trotz der hohen Kosten irgendwann doch mit dem SSC eine Reihe neuer theoretischer Ideen überprüfen zu können. Die alte elektroschwache Theorie von Weinberg und Glashow wird am leichtesten zu testen sein. Ein weiteres Ziel wäre die Entdeckung der schwer zu fassenden Higgs-Teilchen (es sind die aus der Theorie folgenden Teilchen, die den W-Teilchen der Yang-Mills-Theorie ihre Masse geben).

Vor allem jedoch hoffen die Wissenschaftler, schließlich auch Hinweise zu erhalten, die uns sowohl die GUT als auch die Superstring-Theorie verstehen helfen. Da die in den beiden Theorien postulierte Vereinigung der Kräfte nur bei Energien stattfindet, die 1000 Billionen mal stärker sind als selbst der SSC zu leisten vermag, können wir freilich allenfalls erhoffen, kleine Hinweise auf die Richtigkeit der beiden Theorien zu erhalten.

Zwar stoßen wir mit dem SSC an die Grenze dessen, was im Bereich der subnuklearen Physik überhaupt möglich ist, doch eröffnen sich auch ständig neue Möglichkeiten.

Viele Länder bemühen sich durch den Einsatz unterschiedlicher Instrumente, die elektromagnetische Strahlung aller Frequenzbereiche im Weltraum und am Erdboden aufzufangen, weit entfernte Galaxien zu studieren und nach Schwarzen Löchern sowie den Überresten des Urknalls zu suchen. In einem Energiebereich, der so weit jenseits der Möglichkeiten des SSC liegt, müssen wir vielleicht das Echo der Schöpfung wie ein »Laboratorium« benutzen, in dem wir unsere Daten sammeln.

Dieser wohl niemals endende Prozeß, Theorien mit experimentellen Daten zu bestätigen, ist von fundamentaler Bedeutung für jede Theorie, insbesondere für eine, die behauptet, alle bekannten Kräfte vereinigen zu können. Wie der Physiker Maurice Goldhaber in Anlehnung an die griechische Mythologie bemerkte, war »Antaeus der stärkste Mensch auf Erden und unbesiegbar, solange er mit seiner Mutter, der Erde, in Kontakt war. Als er diesen Kontakt verlor, verließ ihn allmählich auch seine Kraft, und er wurde besiegt. So sind auch die Theorien in der Physik. Sie müssen mit dem Boden in Berührung bleiben, wenn sie richtig sein wollen.«[8]

Die Antwort auf die Kritiker

Julian Schwinger sagte einmal im Rahmen eines allgemeinen Gesprächs über die GUT: »Vereinheitlichung ist wirklich das höchste Ziel der Naturwissenschaft. Aber daß diese Vereinheitlichung bereits jetzt gelingen muß, das ist sicher menschliche Hybris.«[9]

Schwinger meinte dies als Kritik an der GUT, doch könnte es ebensogut auf die Superstring-Theorie zutreffen, deren Vereinheitlichung ebenfalls nur durch Energien, die weit jenseits der Möglichkeiten des SSC liegen, erreicht werden kann.

Obwohl die Superstring-Theorie gegenwärtig die einzige

Hoffnung für eine umfassende Theorie des Universums ist, weisen einige ihrer Kritiker darauf hin, daß vielleicht auch der SSC nicht leistungsfähig genug wäre, um die Folgen für die Physik bei einer Planckschen Skala von 10^{19} Milliarden Elektronenvolt zu testen.

Schwarz bleibt jedoch unbeirrbar: »Gewiß ist es nicht einfach, eine Theorie zu verifizieren, wenn dazu 10^{19} Milliarden Elektronenvolt erforderlich sind, doch wenn sie zutrifft, haben wir eine Theorie, die die Physik auf jeder Ebene erklärt. Was wir brauchen, ist die Entwicklung unseres mathematischen Handwerkszeugs, das uns aus dem niedrigenergetischen Bereich herausführt.«[10]

Anders gesagt, das Problem ist weniger unsere Unfähigkeit, leistungsfähigere Apparaturen als den SSC zu bauen, als unser mangelndes mathematisches Verständnis dafür, wie ein zehndimensionales Universum zu einem vierdimensionalen wurde.

Der Stolperstein für die Verifikation der Superstring-Theorie ist deshalb nicht der Mangel an finanziellen Mitteln, sondern die Unfähigkeit der Physiker, Symmetriebrüche zu berechnen, die am Anfang der Zeit stattgefunden haben.

Unser nächster Schritt ist, die Supersymmetrie im größten aller »Laboratorien«, dem Universum am Anbeginn der Zeit, zu untersuchen.

III. Jenseits der vierten Dimension

8. Vor dem Urknall

Jede Kultur hat ihre eigene Mythologie über den Anfang der Zeit.

In vielen Mythen wird das ursprüngliche Universum als glühender Ball beschrieben, die Götter werden als Feldherren geschildert, die in ihren Feldzügen über das Schicksal der neuentstandenen Erde entscheiden. Die nordischen Sagen sind voll von blutigen Schlachten zwischen Riesen, Göttern und Trolls, die bis zum Ragnarok führten, dem Tod der Götter.

Heute haben wir wissenschaftliche Erkenntnisse über die Entstehung des Universums, die auf physikalischer statt auf mythologischer Grundlage beruhen. Die Kosmologie (das Studium von Ursprung und Aufbau des Universums) hat faszinierende Zusammenhänge zwischen Quantenmechanik und Relativitätstheorie entdeckt und damit neue überraschende Perspektiven eröffnet, die selbst Einstein sich nie hätte träumen lassen.

Vielleicht das Spektakulärste an der Superstring-Theorie ist der Umstand, daß sie Konkretes über die Zeit *vor* dem Urknall aussagen kann, als die Zeit selbst ihren Anfang nahm. Die Superstring-Theorie versteht den Urknall lediglich als ein *Nebenprodukt* eines noch weitaus gewaltigeren Ereignisses: des Zusammenbruchs eines zehndimensionalen Universums zu einem vierdimensionalen.

Der Urknall

Die Urknall-Theorie geht zurück auf einen Fehler Einsteins aus dem Jahre 1917, den er selbst später als »die größte Eselei« seines Lebens bezeichnete.

1917, zwei Jahre nach Veröffentlichung seiner gefeierten Theorie der allgemeinen Relativität, stieß Einstein auf einen überaus störenden Effekt: Seine Gleichungen führten stets zu der immer gleichen Schlußfolgerung, daß das Universum sich ausdehnt, während doch allgemein angenommen wurde, daß das Universum ewig ist und sein Zustand statisch. Schon die Idee, daß Galaxien jenseits unserer Milchstraße existieren könnten, hatte an Ketzerei gegrenzt oder war als Science-fiction abgetan worden. Es bekümmerte Einstein sehr, daß seine Gleichungen dem gesunden Menschenverstand widersprachen. Was stimmte an ihnen nicht?

Die Vorstellung eines expandierenden Universums paßte so wenig zu den herrschenden Theorien des Universums, daß Einstein nur den Schluß ziehen konnte, seine Gleichungen seien in irgendeiner Weise unvollständig. Er fügte schließlich noch einen zusätzlichen Faktor ein, um dadurch die Expansion zu neutralisieren. Selbst Einstein, der große Revolutionär, der dreihundert Jahre Newtonscher Physik umgewälzt hatte, traute also seinen eigenen Gleichungen nicht und war gezwungen zu ›schummeln‹.

1922 fand der sowjetische Physiker Alexander Friedmann die vielleicht einfachsten Lösungen für Einsteins Gleichungen, die zugleich die eleganteste Beschreibung des expandierenden Universums lieferten. Auch sie verstießen jedoch gegen die Denkweise der damaligen Zeit und wurden daher ebensowenig ernst genommen wie Einsteins Lösungen.

Im Jahr 1929 schlug dann schließlich doch die Bombe ein!

Der amerikanische Astronom Edwin Hubble veröffentlichte nach jahrelanger mühevoller Beobachtung (mit dem 2,5 m-Teleskop auf dem Mt. Wilson) das dramatische Ergebnis seiner Arbeit: Nicht nur existieren im Weltraum Millionen von Galaxien, die weit jenseits unserer Milchstraße liegen, sondern sie entfernen sich auch mit unglaublicher Geschwindigkeit von der Erde.

Einstein und Friedmann hatten auf der ganzen Linie recht gehabt.

Zwei Jahre später, im Jahr 1931, nahm Einstein schließlich von dem »Zusatzfaktor« seiner Gleichungen Abstand und führte seine ursprüngliche Theorie eines expandierenden Universums wieder ein, die er vierzehn Jahre zuvor hatte fallenlassen.

Hubble fand heraus, daß die Geschwindigkeit, mit der sich eine Galaxie von uns weg bewegt, mit ihrer Entfernung von uns zunimmt. Um die enormen Geschwindigkeiten dieser Galaxien zu messen, arbeiten Wissenschaftler mit dem sogenannten »Doppler-Effekt«. (Nach dem Doppler-Effekt ist die Frequenz von Licht- oder Schallwellen höher, wenn sie sich auf uns zu bewegen, und niedriger, wenn sie sich von uns entfernen. Aus diesem Grund ist der Ton eines sich entfernenden Signalhorns deutlich tiefer als bei der Annäherung.)

Hubble fand diesen Doppler-Effekt auch bei den Lichtwellen von Sternen bzw. Galaxien, die sich von der Erde entfernen, als eine »Rotverschiebung« zu größeren Wellenlängen (bei Sternen, die sich auf uns zubewegen, entsteht entsprechend eine »Blauverschiebung« der Linien, die jedoch bei weit entfernten Galaxien nicht vorkommt).

Man vergleicht das expandierende Universum häufig mit einem Ballon, der aufgeblasen wird. Man denke sich seine Oberfläche mit Punkten bemalt. Wird nun der Ballon aufgeblasen, so entfernen sich die Punkte (die Galaxien) voneinander. Wir leben gewissermaßen auf der Oberfläche eines solchen Ballons, und daher scheinen die Galaxien sich von uns fortzubewegen.

Die Expansionstheorie erklärt auch ein Phänomen, das die Astronomen lange Zeit beschäftigt hatte: Warum ist der

Nachthimmel dunkel? Der Astronom Wilhelm Olbers veröffentlichte im Jahr 1826 einen Artikel, wonach der Himmel auch nachts vom Sternenlicht erleuchtet wäre, wenn es tatsächlich eine unendliche Anzahl von Sternen gäbe. Durch die Rotverschiebung wissen wir, daß das Universum expandiert. Seine uns zugänglichen Grenzen sind durch sein Alter und die Lichtgeschwindigkeit gegeben: Sie liegen bei 10-20 Milliarden Jahren. Die Expansion liefert letztendlich den Schlüssel für das »Olberssche Paradoxon«: Wir sehen keine unendliche Zahl von Objekten, sondern stoßen an die Grenzen des Weltraums.

Obwohl das »expandierende Universums« experimentell bestätigt wurde, sagt Einsteins Theorie wenig, wenn überhaupt etwas, darüber aus, wie der Urknall vonstatten ging und was vor dem Urknall geschah. Um diese Fragen zu beantworten, müssen wir uns an die GUT und an die Superstring-Theorie wenden.

Das frühe Universum der GUT

Das Studium der Kosmologie ist für einen String-Theoretiker vor allem deshalb interessant, weil die Quantensymmetriebrechung dabei hilft, das Universum in seinem frühen Zustand zu erkunden. Unser heutiges Universum mit seinen vier völlig unterschiedlichen Urkräften ist äußerst unsymmetrisch. Der Grund dafür liegt in dem »hohen Alter« unseres Universums.

Am Anfang der Zeit, als die Temperaturen noch unvorstellbar hoch waren, muß das Universum perfekt symmetrisch gewesen sein. Alle Kräfte waren in einer einzigen Kraft vereinigt. Als das Universum explodierte und sich dann rapide abkühlte, wurden die vier Kräfte nacheinander abgetrennt, bis sie jede Ähnlichkeit miteinander verloren hatten – so wie wir es heute beobachten.

Wir können also das Ereignis des Urknalls als »Laboratorium« verwenden, in dem sich überprüfen läßt, wie Symmetriebrechungen zustande kamen. Bei einer Reise zurück in die Zeit würden wir irgendwann auf Temperaturen stoßen, bei denen die GUT-Symmetrien noch ungebrochen waren. Daraus wiederum läßt sich eines der größten Geheimnisse des Universums erklären: Was passierte bei seiner Geburt?

Wir wissen, daß am Anfang der Zeit die Gravitation, die elektroschwache Kraft und die starke Kraft Teil einer einzigen Kraft waren.

Als das Universum ungefähr 10^{-43} Sekunden alt war und einen Durchmesser von 10^{-33} cm hatte, bestanden Materie und Energie wahrscheinlich aus ungebrochenen Superstrings. Die Quantenschwerkraft, wie die Superstring-Theorie sie beschreibt, war die dominierende Kraft des Universums. Leider war niemand da, um diese Aussage zu bezeugen, weil das gesamte damalige Universum bequem in einem Proton Platz gefunden hätte.

Bei der unvorstellbaren Temperatur von 10^{32} Kelvin (zehn Millionen Trillionen mal heißer als die Temperatur im Sonnenzentrum), löste sich die Schwerkraft von den anderen GUT-Kräften. Wie Wassertropfen, die aus einer Dampfwolke kondensieren, begannen sich die Kräfte voneinander zu trennen.

Zu diesem Zeitpunkt verdoppelte das Universum seine Größe alle 10^{-35} Sekunden. Als es weiter abkühlte, begann die GUT-Kraft zu brechen und dabei die starke Kraft von der elektroschwachen Kraft zu trennen. Das Universum hatte nun ungefähr die Größe einer Kegelkugel, expandierte jedoch mit großer Geschwindigkeit.

Als das Universum 10^{-9} Sekunden nach seiner Entstehung eine Temperatur von 10^{15} Kelvin erreicht hatte, brach auch die elektroschwache Kraft und teilte sich in die elektromagnetische und die schwache Kraft.

Nun, bei 10^{15} Kelvin, waren alle vier Kräfte voneinander getrennt, und das Universum bestand aus einer »Suppe« von freien Quarks, Leptonen und Photonen.

Ein wenig später, als sich das Universum noch weiter abgekühlt hatte, entstanden aus den Quarks die Protonen und Neutronen. Die Yang-Mills-Felder kondensierten zu einer (in vorhergehenden Kapiteln bereits erwähnten) ›klebrigen‹ Masse, die Quarks zu Hadronen aneinanderbindet. Drei Minuten nach der Zeugung des Universums entstanden schließlich aus Protonen und Neutronen stabile Atomkerne.

Dreihunderttausend Jahre nach dem Urknall wurden die ersten Atome geboren. Die Temperatur war auf 3000 Kelvin gesunken, dem Punkt, an dem sich Wasserstoffatome bilden können, ohne wieder durch Kollisionen auseinandergerissen zu werden. Nun wurde das Universum durchsichtig, d. h., Licht konnte Lichtjahre zurücklegen, ohne absorbiert zu werden. (Vorher wäre es unmöglich gewesen, durch den Weltraum zu sehen. Licht wäre sofort absorbiert worden, und Beobachtungen per Teleskop wären sinnlos gewesen. Obwohl wir uns den Weltraum dunkel und transparent vorstellen, war er früher undurchsichtig wie dichter Nebel).

Heute, 10 bis 20 Milliarden Jahre nach dem Urknall, finden wir ein unsymmetrisches Universum mit vier unterschiedlichen Urkräften vor. Die Temperatur des ursprünglichen Feuerballs hat sich auf 3 Kelvin abgekühlt, d. h., sie ist nahe dem absoluten Nullpunkt.

Es ist heute möglich, das Vereinheitlichungsmodell zu beschreiben, da wir wissen, wie sich die vier elementaren Kräfte schrittweise trennten, als das Universum abkühlte.

Die Gravitation trennte sich als erste, gefolgt von der starken Kraft und der schwachen Kraft, bis nur noch die elektromagnetische Kraft ungebrochen war.

Glashow faßte die Sichtweise der GUT-Theoretiker über Geburt und Tod des Universums zusammen, als er sagte:

»Die Materie tauchte etwa 10^{-40} Sekunden nach dem Urknall auf und wird nach etwa 10^{40} Sekunden, von jetzt an gemessen, wieder verschwinden.«

Das Echo des Urknalls

Vielleicht ist es sogar etwas unheimlich, wenn wir in der Sicherheit unserer Häuser und Laboratorien so glatt über Temperaturen und Ereignisse sprechen, deren verheerende Auswirkungen unsere Erde (ebenso wie unsere Galaxis) in Stücke reißen würde.

Als der Physiker Steven Weinberg in seinem Buch *Die ersten drei Minuten* den Beginn des Universums beschrieb, bekannte er: »Ich kann mich des Gefühls der Unwirklichkeit nicht erwehren, wenn ich über die ersten drei Minuten schreibe, gerade so als ob wir wirklich wüßten, wovon wir eigentlich sprechen«.[1]

Letztendlich sind alle Behauptungen über das frühe Universum noch immer reine Theorie. Doch die Nachweise häufen sich, daß – wie phantastisch die Theorie über die Entstehung des Universums sich auch im einzelnen anhören mag – ein solches Ereignis tatsächlich entsprechend den Aussagen der Quantentheorie und der Relativitätstheorie stattgefunden hat.

So sagte der russische Physiker George Gamow in den vierziger Jahren voraus, daß die Urknalltheorie einmal experimentell bestätigt werden könnte. Gamow hielt daran fest, daß noch heute Reste der Strahlung aus dem Urknall das Universum erfüllen müssen, wenn auch, nach nunmehr 10 bis 20 Milliarden Jahren, mit nur geringer Temperatur. Gamow machte die Voraussage, daß dieses »Echo« des Urknalls gleichmäßig überall im Universum verteilt sei. Gamows Mitarbeiter Ralph Alpher und Robert Herman berechneten 1948 sogar die Temperatur, auf die sich der kosmische Feuerball mittlerweile abgekühlt haben sollte, auf etwa 5 Kelvin.

Im Jahr 1965 wurde die Gamow-Alpher-Herman-Voraussage des »Echos« oder der Hintergrundstrahlung, die vom Urknall übriggeblieben war, auf spektakuläre Weise bestätigt. Zwei Physiker waren in den Bell Telephone Laboratories in Holmdel, New Jersey, mit dem Bau einer riesigen Radioantenne, der Holmdel-Horn-Antenne, beschäftigt, die Nachrichten zwischen der Erde und Kommunikationssatelliten übermitteln sollte. Sehr zu ihrem Verdruß entdeckten die beiden Wissenschaftler Arno Penzias und Robert Wilson bei ihrer Arbeit, daß ihr Teleskop ein störendes Rauschen im Mikrowellen-Bereich registrierte. Die lästige Störung ließ sich nicht beheben, egal, wie sie die Antenne ausrichteten. Ärgerlich überprüften sie ihre Daten, reinigten ihre Geräte (entfernten sogar den Taubendreck von der Antenne), doch die seltsame Strahlung blieb bestehen.

Schließlich wurden die Instrumente an Bord von Hochflugjets und -ballons gebracht, um erdnahe Störungen auszuschließen, aber die eigenartigen Signale wurden nur noch deutlicher. Als die beiden Wissenschaftler schließlich den Zusammenhang zwischen Frequenz und Intensität der Strahlung entdeckten, entsprachen ihre Daten den Voraussagen, die Gamow und andere viele Jahre zuvor getroffen hatten. Die gemessenen Temperaturen von 3 Kelvin kamen den ursprünglichen Annahmen über die Temperaturen des kosmischen Feuerballs bemerkenswert nahe. Zusammen mit Theoretikern der Universität Princeton stellte man fest, daß diese Strahlung genau das »Echo« war, das man vorausgesagt hatte. Die 3 K-Strahlung ist bis heute der schlüssigste Beweis dafür, daß das Universum durch eine gigantische Explosion entstand. Penzias und Wilson erhielten für ihre zufällige Entdeckung, die als Bestätigung des Urknalls interpretiert werden konnte, im Jahr 1978 den Nobelpreis für Physik.

Doch es gibt noch eine Möglichkeit, die besonderen Eigenschaften der Allgemeinen Relativitätstheorie und des frühen Universums zu untersuchen, nämlich anhand der Krümmung der Raumzeit, die durch massereiche tote Sterne, die Schwarzen Löcher, verursacht wird.

Schwarze Löcher

Sterne haben eine magische Ausstrahlung auf uns Menschen. Liebespaare wünschen sich Glück von ihnen, Kinder besingen sie, Seeleute lassen sich von ihnen auf dem stürmischen Meer den Weg weisen.

Aber was ist ein Stern?

Ein Stern ist ein gigantischer atomarer Feuerofen, der die Energie, die in der starken Kraft gespeichert ist, freisetzt. Er verbrennt Wasserstoff und erzeugt dabei als »Asche« das Element Helium. Die grundlegenden Gleichungen für das Verbrennen von Wasserstoff und weiteren chemischen Elementen in der Sonne und in anderen Sternen wurden 1939 von dem Physiker Hans Bethe errechnet, der dafür 1967 den Nobelpreis erhielt. Gleichzeitig fand Carl-Friedrich v. Weizsäcker in Deutschland dieselben Zusammenhänge.

Ein Stern ist stabil, solange das empfindliche Gleichgewicht besteht zwischen seinem atomaren Feuer, das versucht, den Stern explodieren zu lassen, und der Gravitationskraft, die versucht, den Stern zusammenzupressen. Anders gesagt, die Existenz der Sterne beruht auf der Balance zwischen der durch die starke Kraft erzeugten explosiven Energie und der implosiven Schwerkraft.

Dieses empfindliche Gleichgewicht wird jedoch gestört, wenn der nukleare Brennstoff eines Sterns (im wesentlichen Wasserstoff, Helium und leichtere chemische Elemente) sich im Verlauf von Jahrmilliarden allmählich verbraucht und die Gravitation überwiegt. Wenn die Gravitationskraft groß genug ist, stürzt der Stern in sich zusammen; dabei werden die Atome zu einem dichten Neutronenball von etwa 20 km

Durchmesser zusammengepreßt und erzeugen einen toten Stern, einen »Neutronenstern«.

Die Dichte eines Neutronensterns ist so groß, daß die einzelnen Neutronen des Sterns sich buchstäblich berühren. Der Stern besteht daher aus einer dichten Masse atomarer Bestandteile. Die gewaltige Kontraktion, die den Neutronenstern erzeugt, ist vergleichbar mit einer Kraft, die imstande wäre, die Sonne, die viel größer ist als die Erde, auf die Größe einer Millionenstadt zusammenzudrücken.

Neutronensterne sind keine Erfindung der Science-fiction-Literatur, sondern bereits häufig von Astronomen aufgespürt worden. Im Jahr 1054 beobachteten zum Beispiel chinesische Astronomen eine gigantische, mysteriöse Explosion am Himmel, die sogar bei Tage sichtbar war. Heute wissen wir, daß es sich um den seltenen Ausbruch einer »Supernova« gehandelt hat, d.h. um die gewaltige Explosion eines Sterns, die mehr Energie ausstrahlt als eine ganze Galaxis. Diese Supernova erzeugte damals den Krebs-Nebel; heute steht im Zentrum dieser Explosionswolke ein Neutronenstern.

Wenn jedoch der Stern in seinem ursprünglichen Zustand über genügend Masse verfügte (zum Beispiel um ein Mehrfaches massereicher als die Sonne wäre), bliebe er selbst als Neutronenstern instabil; die Gravitationskraft wäre dann so groß, daß sie die Neutronen ineinanderpreßte und der Neutronenstern dadurch zu einem verschwindend kleinen Punkt zusammengedrückt würde – zu einem Schwarzen Loch.

Das schraubstockähnliche Gravitationsfeld eines Schwarzen Lochs ist so groß, daß Atomkerne auseinandergerissen werden und selbst das Licht dem Kraftfeld nicht entweichen kann. Ein solcher toter Stern ist daher nicht direkt sichtbar, deshalb wird er als Schwarzes Loch bezeichnet. Erinnern wir uns an Newtons anfangs erwähnten Stein, der, von einem Berggipfel geworfen, die Erde umkreist. Wir müssen nun den Stein durch einen gefangenen Lichtstrahl ersetzen, der das Schwarze Loch nicht verlassen kann.

Wie die Katze in *Alice im Wunderland* verschwindet das Schwarze Loch völlig aus unserem Blickfeld und hinterläßt uns lediglich sein »Grinsen«, die Verzerrung der Raumzeit als Ergebnis der besonders starken Gravitation.

Die starke durch das Schwarze Loch erzeugte Krümmung der Raumzeit ähnelt dem Zustand des frühen Universums.

Die Zeit verlangsamt sich zum Beispiel, je mehr man sich dem Zentrum des Schwarzen Lochs nähert. Wenn man in ein Schwarzes Loch stürzte, würde das so erscheinen, als ob sich die Bewegungen immer mehr verlangsamten und man wie in Zeitlupe durch die Jahrtausende fiele, dem Zentrum entgegen. In der Mitte des Schwarzen Lochs hörte schließlich die Zeit selbst auf zu existieren. (In Wirklichkeit bedeutet dies wahrscheinlich, daß die allgemeine Relativität im Zentrum des Schwarzen Lochs zusammenbricht. Statt dessen würde die Superstring-Theorie verwendet werden, um die Quantenkorrekturen der Allgemeinen Relativitätstheorie zu berechnen.)

Die Schwarzen Löcher wurden erstmals als Konsequenz der Allgemeinen Relativitätstheorie von Robert Oppenheimer und dessen Studenten Hartland Snyder im Jahr 1939 postuliert. Obwohl Oppenheimer selbst von den erstaunlichen Schlußfolgerungen der Allgemeinen Relativitätstheorie überrascht war, die an die Grenzen unserer Vorstellungskraft stoßen, vermuten wir heute bei mehreren Objekten, sie könnten Schwarze Löcher sein.

Einer davon ist das sechstausend Lichtjahre entfernte Objekt Cygnus X-1, das eine starke Röntgenstrahlung aussendet. Man kann sich tatsächlich kaum vorstellen, daß eine andere physikalische Kraft als der Gravitationskollaps den enormen Energieausstoß von Sternen wie Cygnus X-1 auslösen könnte. Wahrscheinlich befinden sich viele Schwarze Löcher auch im Zentrum vieler Galaxien einschließlich unserer eigenen, einer mysteriösen Region mit intensiver Strahlung und Gravitationsfeldern. (Nachts sehen wir die Milliarden Sterne unserer Galaxis, die Milchstraße, wie ein schwaches Lichtband quer über dem Himmel. Das gleißend helle Zentrum der Milchstraße kann von der Erde aus nicht wahrgenommen werden, weil sich interstellare Staubwolken davorschieben. Photographien jedoch, die von den Zentralbereichen der Nachbargalaxien aufgenommen wurden, zeigen eine helles Zentralgebiet.)

Sobald wir imstande sind, die Existenz der Schwarzen Löcher schlüssig nachzuweisen, können anhand der Daten, die über diese toten Sterne gewonnen wurden, auch wichtige Aspekte der Allgemeinen Relativitätstheorie überprüft werden. Ein Physiker, der viel zum Verständnis der Quantenmechanik Schwarzer Löcher beigetragen hat, ist Steven Hawking, der trotz seiner schweren körperlichen Behinderung einer der herausragenden Köpfe der Relativitätsforschung wurde.

Steven Hawking – der Quantenkosmologe

Steven Hawking wird manchmal als der Nachfolger Einsteins bezeichnet. Er ging in gewissem Sinne sogar noch weiter als Einstein, indem er versuchte, anhand der Quantenmechanik Korrekturen für die Dynamik der Schwarzen Löcher zu errechnen. Anhand der Ergebnisse dieser Quantenkorrekturen gelang es Hawking, Phänomene vorauszusagen, die weit über Einsteins Annahmen hinausgingen. Nach Hawkings Theorie können Schwarze Löcher »verdampfen« und sich dabei in Miniaturausgaben Schwarzer Löcher verwandeln – was bedeutet, daß das Licht entsprechend Heisenbergs Unschärferelation der enormen Gravitationskraft des Schwarzen Lochs teilweise entweichen kann, wonach eine zwar geringe, aber endliche Wahrscheinlichkeit besteht, daß etwas Licht der Schwerkraft entkommen und damit dem ungeheuren Zugriff des Schwarzen Lochs entgehen kann. Der so erzeugte Energieverlust des Schwarzen Lochs kann es bis auf die Größe eines Protons schrumpfen lassen.

Hawkings naturwissenschaftliches Interesse zeigte sich schon in sehr jungen Jahren. Sein Vater, der am National Institute in London in der medizinischen Forschung tätig war, machte ihn schon früh mit der Biologie vertraut. Hawking erinnert sich: »Ich wollte immer wissen, wie alles funktioniert [...] Ich hatte eine Phase, mit ungefähr 15 Jahren, als ich mich sehr für außersinnliche Wahrnehmung interessierte. Wir führten sogar Experimente mit Würfeln durch. Dann hörten wir einen Vortrag über die berühmten Experimente von Rhine an der Duke University. Der Redner sagte, daß jedesmal, wenn sie Resultate erzielten, die experimentellen Techniken nicht einwandfrei waren, oder die experimentellen Techniken in Ordnung waren, aber es gab keine Resultate. Das überzeugte mich davon, daß das alles Schwindel war.«[2]

Hawking war zwar begabt, doch während seines Studiums an der Oxford University ein eher indifferenter Student, dem die Motivation und der Ehrgeiz fehlte, der die früheren großen Physiker beflügelt hatte. Dann schlug das Schicksal zu und änderte den Kurs seines Lebens. Im ersten Jahr seines Studiums in Cambridge verlor er zunehmend die Kontrolle über seine Gliedmaßen. Man diagnostizierte die gefürchtete Lou-Gehrigs-Krankheit (amyotropische laterale Sklerose), eine unheilbare Krankheit, die unaufhaltsam die Bein- und Armmuskulatur zerstört. »Die Krankheit schritt sehr schnell fort«, sagte Hawking, »ich war sehr deprimiert, weil ich dachte, ich würde nur noch wenige Jahre zu leben haben. Es schien sinnlos, überhaupt weiterzumachen.«[3]

Was ihn schließlich bewog, seine Meinung zu ändern, war seine inzwischen leider gescheiterte Ehe mit Jane Wilde. »Die Wende kam mit meiner Heirat«, sagt Hawking. »Das gab mir meinen Lebenswillen zurück und es gab mir einen Grund weiterzuleben, weiterzukämpfen. Ohne Janes Hilfe hätte ich das nicht geschafft und ich hätte es auch gar nicht gewollt.«[4]

Da Hawking die Arme nicht mehr bewegen kann, wurde ein automatischer Seitenwender für ihn konstruiert, der ihm das Lesen erleichtert. Einige seiner Assistenten sind besonders darin geschult, seine langsame, undeutliche Sprache zu verstehen, da er auch weitgehend die Kontrolle über seine Mundmuskeln verloren hat. Oft braucht er qualvolle Sekunden für jedes einzelne Wort.

Hawkings Schreibtisch ist übersät mit Fachartikeln, die ihm Kollegen aus aller Welt zuschicken, und auch mit Post seiner Fans, angefangen von Bewunderern bis hin zu Spinnern, die versuchen, ihm ihre neuesten haarsträubenden Ideen zu verkaufen. »Berühmt zu sein ist wirklich ziemlich lästig«,[5] meinte er einmal in einem Gespräch mit Journalisten.

Hawking muß alle Rechenoperationen im Kopf ausführen. Seine Studenten helfen ihm zwar bei der Durchführung seiner Berechnungen, doch Hawking (wie Einstein, Feynman und andere große Physiker) denkt vor allem in Bildern, wenn er das Wesentliche eines physikalischen Begriffs erfassen möchte. Die Mathematik kommt später.

Das Rätsel der Flachheit

Die Gleichungen, so wie Einstein sie ursprünglich formuliert hatte, stellten zwei große Probleme, für die erst mit Hilfe der Quantenmechanik eine akzeptable Lösung gefunden werden konnte.

Das erste war, daß nach Einsteins Gleichungen das Universum gekrümmt sein müßte – entweder nach außen oder nach innen; doch eine der rätselhaftesten Eigenschaften unseres Universums ist, daß es, wohin wir im Himmel auch blicken, völlig flach zu sein scheint.

Das zweite Problem betrifft die Gleichförmigkeit des Universums. Die Galaxiendichte scheint überall im Universum etwa gleich zu sein. In welche Richtung wir auch schauen, die großräumige Verteilung ist überall gleich. Das ist merkwürdig, denn nichts kann sich schneller als das Licht bewegen. Wie können Informationen über die räumliche Verteilung von so entfernten Galaxien in der zur Verfügung stehenden Zeit zu uns gelangen? Die Lichtgeschwindigkeit, so schnell sie uns auch vorkommt, ist zu langsam, um diese gleichförmige Dichte im Universum über solche gewaltigen Entfernungen zu erklären.

Die Antwort auf beide Fragen lieferte Alan Guth vom Massachusetts Institute of Technology; sie wurde von Paul Steinhardt von der University of Pennsylvania und dem sowjetischen Physiker A. Linde in Moskau weiterentwickelt.

Nach ihren Berechnungen durchlief das Universum zwischen 10^{-35} und 10^{-33} Sekunden nach dem Nullpunkt der Zeit eine Phase mit exponentieller, d. h. sehr rascher Ausdehnung und vergrößerte dabei seinen Radius um das unvorstellbare 10^{50}fache. Diese »Inflation«, die kurz *vor* dem eigentlichen Urknall stattfand, ging sogar noch schneller vonstatten als der Urknall selbst.

Die Tatsache, daß unser Universum vor dem Urknall eine so heftige Expansionsphase durchlief, erklärt zwei Phänomene. Erstens erscheint unser Universum nur deshalb nicht gekrümmt, weil es 10^{50}mal größer ist, als die alten Griechen angenommen hatten. Erinnert sei an die Analogie mit dem aufgeblasenen Ballon. Wenn der Ballon auf einmal einige Billionen mal so groß ist wie zuvor, würde seine Oberfläche ebenfalls flacher aussehen.

Die Inflationstheorie erklärt auch das zweite Phänomen, die Gleichförmigkeit des Universums. Da am Beginn des Inflationsprozesses der gesamte sichtbare Teil des Universums nur ein winziger Fleck auf der Oberfläche des Universums war, konnte dieser winzige kleine Fleck sich gleichförmig durchmischen. Durch die Inflation blähte er sich zu unserem gegenwärtigen Universum auf. Zu diesem winzigen

Fleck gehören unsere Erde und das Milchstraßensystem ebenso wie die entferntesten Galaxien, die man mit Teleskopen gerade noch sehen kann.

Ist unser Universum instabil?

Die Möglichkeit eines Universums, das 10^{50}mal größer ist als angenommen, ist verwirrend genug, doch aus der GUT und der Superstring-Theorie ergibt sich noch eine weitere beunruhigende Möglichkeit; sie betrifft die Vernichtung unseres Universums.

In der Antike wurden viele Spekulationen über das Ende der Erde angestellt, ob sie beispielsweise im Feuer oder im Eis sterben würde. Den Annahmen der neueren Astronomie zufolge wird die Erde wahrscheinlich den Feuertod sterben, da die Sonne, nachdem sie ihren Wasserstoff verbrannt hat, Helium verbrennen und sich dabei in einen roten Riesenstern verwandeln wird in der Größe der Umlaufbahn des Mars. Das bedeutet, daß unsere Erde verdampfen und in der Sonnenatmosphäre geröstet wird. Alle Atome zerbersten in der Sonnenatmosphäre. Allerdings wird es noch mehrere Milliarden Jahre dauern, bis es soweit ist.

Darüber hinaus könnte entsprechend den GUT und Superstring-Theorien eine noch weit größere Katastrophe als das Verdampfen unserer Erde stattfinden. In der Physik geht man, wie gesagt, davon aus, daß Materie stets auf der Suche nach dem niedrigstmöglichen Energiezustand ist, dem sogenannten »Vakuumzustand«. So fließt Wasser, um auf ein früheres Beispiel zurückzugreifen, immer abwärts. Dieses Prinzip ließe sich jedoch scheinbar ändern, wenn der Fluß durch einen Damm zurückgehalten würde. In diesem Fall befände sich das vom Damm zurückgehaltene Wasser in einem »falschen Vakuumzustand«, d.h. nicht in dem niedrigstmöglichen. Das Wasser hätte demzufolge den Drang, den Damm zu durchbrechen und in seinen eigentlichen Vakuumzustand zurückzukehren, wenn es das nur könnte.

Normalerweise reicht ein Damm aus, um Wasser in diesem »falschen Vakuum« zu belassen. Doch in der Quantenmechanik besteht immer die Möglichkeit eines »Quantensprungs« – in diesem Fall hieße es, daß das Wasser den Damm durchdringt. Der Unschärferelation zufolge besteht eine gewisse Wahrscheinlichkeit, daß das Wasser dort ist, wo man es am wenigsten erwartet (auf der anderen Seite des Dammes). Das Wasser wird sich einen »Tunnel« durch das Hindernis graben.

Dieses Beispiel hinterläßt einen ziemlich unangenehmen Gedanken: Vielleicht befindet sich unser gesamtes Universum vorübergehend in einem »falschen Vakuum«. Was, wenn unser Universum sich nicht im niedrigstmöglichen Energiezustand befindet? Was, wenn es noch ein anderes Universum gibt mit einer noch geringeren Energie und es kommt zu einem plötzlichen Quantenübergang? Das wäre eine Katastrophe.

In dem neuen Vakuum könnten möglicherweise all unsere Gesetze der Physik und der Chemie bis zur Unkenntlichkeit durcheinandergeworfen werden. Wahrscheinlich gäbe es keine Materie, so wie wir sie kennen, und es kämen völlig neue physikalische und chemische Gesetze zur Geltung.

Wie kann man sich ein solches Desaster vorstellen?

Ein alltägliches Beispiel für einen Quantensprung ist das Kochen von Wasser. Bekanntlich fängt Wasser nicht spontan, sondern allmählich zu kochen an, indem sich zunächst kleine Blasen bilden, die sich rasch vergrößern, bis sie sich schließlich miteinander verbinden und Dampf erzeugen. Wenn nun unser Universum in ein anderes, niedrigeres Energievakuum überginge, würde es vielleicht ebenfalls »Blasen« bilden, die sich dann etwa mit Lichtgeschwindigkeit ausdehnten (wir auf der Erde kämen gar nicht dazu zu bemerken, was passiert). Im Inneren einer Blase würden wahrscheinlich ganz andere physikalische und chemische Gesetze herrschen. Wegen der enormen Geschwindigkeit, mit der sich diese Blasen bewegten, könnten Astronomen diese Blasen nicht wahrnehmen. Wenn eine von ihnen unsere Erde träfe, würden alle Quarks in unseren Körpern auseinandergerissen, und wir würden uns in ein chaotisches Plasma subatomarer Teilchen auflösen. Wiederum müssen wir uns jedoch nicht allzu sehr ängstigen. Da unser Universum seit 10 bis 20 Milliarden Jahren relativ stabil ist, können wir daraus mit einiger Sicherheit schließen, daß es sich in seinem niedrigstmöglichen Energiezustand befindet, obwohl man natürlich niemals die Existenz anderer Universen völlig ausschließen kann.

Vor dem Urknall

Wie ungemütlich die Idee auch ist, daß unser gesamtes Universum instabil sein könne, so hat sie doch einen großen Vorteil: Sie beantwortet die Frage, was vor dem Urknall war.

Wie bereits erwähnt, war das Universum aus der Sicht der Superstring-Physiker anfangs zehndimensional. Vielleicht aber war es instabil, weil es sich in einem falschen Vakuumzustand befand. Wenn das zehndimensionale Universum nicht im niedrigsten Energiezustand war, wäre es lediglich eine Frage der Zeit gewesen, bis der »Quantensprung« in einen niedrigeren Energiezustand stattgefunden hätte.

So meinen wir heute, daß die ursprüngliche Ausdehnung des Universums einem noch weitaus größeren und weitaus explosiveren Prozeß folgte: dem Zusammenbruch der zehndimensionalen Raumzeit.

Wie ein einstürzender Damm teilte sich die zehndimensionale Struktur der Raumzeit nach einem gewaltsamen Bruch in zwei Universen mit einem niedrigeren Energiezustand: in ein vierdimensionales Universum (unseres) und in ein sechsdimensionales.

Die Heftigkeit dieses Ereignisses könnte leicht genügend Energie erzeugt haben, um den Inflationsprozeß weiter voranzutreiben. Der Urknall wäre dann lediglich zu einem späteren Zeitpunkt geschehen, nachdem der Inflationsprozeß sich verlangsamt und den Phasenübergang in ein traditionelles expandierendes Universum durchlaufen hätte.

Diesem Bild zufolge wären der Urknall und das expandierende Universum in gewisser Weise lediglich die Überreste des gigantischen Bruchs der Struktur der Raumzeit.

Wie kann man solche kosmischen Ereignisse wie den Zusammenbruch eines zehndimensionalen Universums bildlich darstellen? Um ein besseres physikalisches Verständnis vom Ursprung des Universums zu bekommen, unternehmen wir nun eine Reise in eine höherdimensionale Raumzeit.

9. Eine Reise in eine andere Dimension

Es war im Jahr 1919, als Einstein, der zu diesem Zeitpunkt noch an den Gleichungen seiner neuen Theorie der allgemeinen Relativität arbeitete, einen ungewöhnlichen Brief erhielt. Der Verfasser, ein unbekannter Mathematiker namens Theodor Kaluza von der Universität Königsberg, schlug darin die revidierte Form einer vereinheitlichten Feldtheorie vor, die Einsteins neue Theorie der Schwerkraft mit der älteren Lichttheorie Maxwells verbinden sollte. Nach Kaluzas Vorstellung sollte das bisherige Modell, das drei Raumdimensionen und eine Zeitdimension vorsah, durch eine fünfdimensionale Theorie der Schwerkraft ersetzt werden. Auf diese Weise ließe sich die elektromagnetische Kraft in Einsteins Gravitationstheorie integrieren. Kaluzas Idee schien mit einem Schlag einen wesentlichen Hinweis darauf zu liefern, wie das Problem, an dem Einstein arbeitete, gelöst werden könnte. Zwar konnte Kaluza nicht den geringsten experimentellen Nachweis für die Existenz einer fünfdimensionalen Welt liefern, doch die Ästhetik seiner Theorie war beeindruckend. Vielleicht war doch etwas Wahres daran.

Einstein hielt die Vorstellung einer fünften Dimension zunächst für so absonderlich, daß er die Veröffentlichung der Arbeit um zwei Jahre verzögerte, wenn auch sein Forscherinstinkt ihm sagte, daß die Mathematik, die der Theorie zugrunde lag, allein aufgrund ihrer Eleganz richtig sein könne. Im Jahr 1921 erteilte er schließlich der Berliner Akademie der Wissenschaften die Genehmigung, Kaluzas Artikel zu veröffentlichen.

Im April 1919 schrieb Einstein an Kaluza: »Die Idee, dies (eine vereinheitlichte Feldtheorie) durch eine fünfdimensionale zylindrische Welt zu erreichen, ist mir selbst niemals gekommen [...] auf den ersten Blick gefällt mir Ihre Idee ganz außerordentlich.«[1] Und in einem weiteren Brief einige Wochen später: »Die formale Einheitlichkeit Ihrer Theorie ist beeindruckend.«[2]

Die meisten Physiker begegneten Kaluzas Theorie der fünf Dimensionen jedoch mit Skepsis. Sie hatten bereits Mühe, die vier Dimensionen des Einsteinschen Modells zu verstehen, geschweige denn die fünf Dimensionen Kaluzas, dessen Theorie mehr Fragen aufwarf, als sie beantwortete. Wenn die Vereinheitlichung des Lichts mit der Gravitation fünf Dimensionen erforderte, aber nur vier in den Laboratorien meßbar waren, was war dann mit der fünften Dimension geschehen?

Einige hielten die neue Theorie für einen Kunstgriff ohne physikalische Bedeutung; doch andere erkannten, daß Kaluzas Entdeckung, die so schlicht und elegant war, von hochrangiger Bedeutung sein könnte. Das Problem war nur: Was sollte sie bedeuten?

Tatsächlich ist der Vorschlag einer fünfdimensionalen Welt absurd. Wenn man beispielsweise in einem abgeschlossenen Raum eine Gasflasche öffnet, strömen die Gasmoleküle früher oder später durch zufällige Kollisionen aus, um sich dann in allen möglichen Richtungen im Raum zu verteilen. Es ist offensichtlich, daß sie das nur in drei Dimensionen tun.

Das Rätsel war: Wo blieb die fünfte Dimension? Einstein hielt Kaluzas Trick für zu gut, um ihn nur deswegen wieder zu verwerfen, weil er unsere bisherigen Vorstellungen vom Universum verletzte. Wieder einmal war es Schönheit allein, die ihn veranlaßte, eine Theorie auch ohne irgendwelche experimentelle Nachweise ernsthaft in Erwägung zu ziehen. Im Jahr 1926 stieß der schwedische Mathematiker Oskar Klein schließlich auf eine mögliche Lösung.

Kaluza hatte früher eine Betrachtungsweise vorgeschlagen, nach der sich die fünfte Dimension von den übrigen vier Dimensionen dadurch unterschied, daß sie wie ein Ball »zusammengerollt« war, dieser Ball jedoch zu winzig war, um beobachtet werden zu können und so den Eindruck eines vierdimensionalen Universums bestehen ließ.

Mit anderen Worten: Die freigewordenen Gasmoleküle breiten sich in der Tat in jeder möglichen räumlichen Dimension aus, doch sie sind zu groß, um in die kreisförmige fünfte Dimension zu passen. Entsprechend stehen ihnen nur vier statt fünf Dimensionen zur Verfügung.

Klein berechnete sogar eine mögliche Größe der fünften Dimension: Die Planck-Länge, die 10^{-33} cm beträgt und damit ungefähr hundert Milliarden Milliarden mal kleiner ist als ein Atomkern.

Doch auch dieser brillante Vorschlag Kleins, der den Verbleib der fünften Dimension erklärte, beantwortete letztlich weniger Fragen, als er stellte. Warum sollte sich zum Beispiel die fünfte Dimension zu einem kleinen Ball zusammenrollen, während alle anderen Dimensionen sich fast ins Unendliche ausdehnten?

Einstein versuchte dreißig Jahre lang, Sinn in die Kaluza-Klein-Theorie zu bringen und sie als Kandidatin für eine vereinheitlichte Feldtheorie zu präsentieren, doch auch er kam zu keinem Ergebnis.

Einsteins Arbeit verlief in seiner zweiten Lebenshälfte in zwei Bahnen: Die erste war seine eigene geometrische Version des Elektromagnetismus, die das Licht als eine einfache Verzerrung der Struktur der Raumzeit beschrieb. Sie führte ihn zu immer komplizierteren mathematischen Systemen und endete schließlich in einer Sackgasse. Die zweite war die Kaluza-Klein-Theorie, die schön, aber als Modell für das Universum völlig nutzlos war. Sie berechtigte zu großen Hoffnungen, wenn nur jemand den Grund für das Zusammenrollen der fünften Dimension gefunden hätte.

Natürlich beruhten alle diese Vorstellungen auf reiner Spekulation, doch Einstein war außerstande, eine so einfache und elegante Theorie aufzugeben. So arbeitete er wieder und wieder am Kaluza-Klein-Modell, ohne jedoch jemals Fortschritte zu erzielen.

Die Lösung: Quantenstrings

In den nächsten fünfzig Jahren fristete die Kaluza-Klein-Theorie ein Dasein als Ladenhüter der Physik, kaum mehr wert als eine kuriose Fußnote zur reinen Mathematik. In den siebziger Jahren hatte man sie fast völlig vergessen, bis Scherk sich an sie erinnerte und überlegte, ob der Trick, die unerwünschten Dimensionen als »zusammengerollt« zu betrachten, nicht doch des Rätsels Lösung sein könnte. Gemeinsam mit seinem Kollegen E. Cremmer schlug er vor, anhand dieser Theorie das sechsundzwanzig- und zehndimensionale Universum auf ein vierdimensionales zu reduzieren.

Bei diesem Rückgriff auf die Kaluza-Klein-Theorie kam den beiden Superstring-Physikern zugute, daß sie alle Ergebnisse der Quantenmechanik, die sich inzwischen entwickelt hatte, nutzen und damit auch eine Erklärung für das Zusammenrollen der höheren Dimensionen liefern konnten.

Wie bereits erwähnt, sind in der Quantenmechanik Symmetriebrüche erlaubt. Da die Natur stets den niedrigsten Energiezustand bevorzugt, könnte das Universum ursprünglich symmetrisch gewesen sein, sich aber gleichzeitig in einem höheren Energiezustand befunden haben, der schließlich den »Quantensprung« in einen niedrigeren Energiezustand auslöste.

Entsprechend wird angenommen, daß der ursprüngliche zehndimensionale String instabil war, da er sich nicht im kleinstmöglichen Energiezustand befand.

In der theoretischen Physik wird heute intensiv daran gearbeitet, nachzuweisen, daß der vom Superstring-Modell postulierte niedrigste Energiezustand ein Universum mit sechs zusammengerollten und vier intakten Dimensionen erlaubt. Gegenwärtig ist man der Auffassung, daß das ursprünglich zehndimensionale Universum sich in einem »falschen Vakuum« befand, d. h. nicht im tiefstmöglichen Energiezustand.[3]

Bis heute ist es noch nicht gelungen, den Nachweis für die Instabilität des zehndimensionalen Universums und den Quantensprung in vier Dimensionen zu erbringen, doch angesichts der Reichhaltigkeit der Superstring-Theorie herrscht großer Optimismus unter ihren Anhängern, daß sich dies in Zukunft ändern wird. Für junge Physiker, die den wichtigen Problemen der Physik auf der Spur sind, besteht das größte Problem der Superstring-Theorie darin, das zehndimensionale Universum als »falsches Vakuum« und den Quantensprung in unser vierdimensionales schlüssig zu beweisen.

Im Flächenland

In den meisten Science-fiction-Romanen gleicht die Reise in höhere Dimensionen einem Ausflug in eine seltsame Welt, die jedoch der unseren ähnlich ist. Auch die Menschen, denen wir in diesen Geschichten begegnen, sind, von einigen Abweichungen abgesehen, so wie wir. Diese Einschätzung resultiert auch aus der begrenzten Phantasie der Science-fiction-Autoren, die sich die wahren Eigenschaften eines höherdimensionalen Universums, so wie sie uns eine strenge Mathematik vorgibt, nicht vorstellen können. Die Wissenschaft von der Natur ist noch phantastischer als Science-fiction.

Der einfachste Weg zum Verständnis der höherdimensionalen Universen führt über das Studium von niedrigerdimensionalen Welten. Der erste Autor, der sich dieser Aufgabe widmete, war Edwin A. Abbott; 1884 schrieb er den Roman *Flächenland*, eine typische Satire des 19. Jahrhunderts über die merkwürdigen Sitten von Menschen, die in einer zweidimensionalen Welt leben.

Wir müssen uns dazu vorstellen, daß die Bewohner von Flächenland, sagen wir, auf der Oberfläche eines Tisches leben; ein wichtigtuerischer »Herr Quadrat« erzählt uns stolz von den geometrischen Bewohnern Flächenlands. In seiner vielschichtigen Welt sind die Frauen die Geraden, Arbeiter und Soldaten sind Dreiecke, Bürger des Mittelstandes (so wie er selbst) sind Quadrate, und der Adel besteht aus Fünfecken, Sechsecken und Vielecken. Je mehr Seiten ein Bewohner Flächenlands aufzuweisen hat, um so höher ist sein sozialer Rang. Einige Adelige haben so viele Seiten, daß sie schließlich zu Kreisen werden, den ranghöchsten Bewohnern der Flächenland-Gesellschaft.

Unser Herr Quadrat, der beachtliches soziales Ansehen genießt, lebt zufrieden in der Behaglichkeit dieser wohlgeordneten Gesellschaft, bis eines Tages seltsame Wesen aus dem Raumland (einer dreidimensionalen Welt) auftauchen und ihn in die Wunder einer weiteren Dimension einführen.

Zum Beispiel können die Bewohner von Raumland in die Körper der Bewohner von Flächenland hineinsehen und alle ihre inneren Organe auf einen Blick erkennen. Im Prinzip könnten die Menschen von Raumland bei den Bewohnern von Flächenland Operationen durchführen, ohne dabei auch nur die Haut zu berühren.

Was geschieht, wenn höherdimensionale Wesen ein niedrigerdimensionales Universum betreten? Wenn der mysteriöse »Graf Kugel« vom Raumland das Flächenland betritt, sieht unser Herr Quadrat nichts als Kreise, die, immer größer werdend, in sein Universum eindringen; er kann Graf Kugel nicht in seiner Ganzheit, sondern lediglich in seinen Querschnitten wahrnehmen.

Graf Kugel lädt Herrn Quadrat sogar zu einem Besuch nach Raumland ein; dazu muß dieser eine grauenhafte Reise von seiner flachen Welt in die verbotene dritte Dimension tun. Doch in der dreidimensionalen Welt kann Herr Quadrat nur zweidimensionale Querschnitte des Raumlandes sehen. Trifft er zum Beispiel auf einen Würfel, so sieht er ein wundersames Objekt, das wie ein Quadrat innerhalb eines Quadrats aussieht und dazu beim Ansehen noch ständig seine Form verändert.

Herr Quadrat ist so erschüttert von seinem Erlebnis mit den Raumländern, daß er sich entschließt, seinen Mitbewohnern auf Flächenland von seiner bemerkenswerten Reise zu erzählen. Doch die Autoritäten Flächenlands wittern Aufruhr und befürchten, daß die gesellschaftliche Ordnung gestört werden könne. Herr Quadrat wird sofort verhaftet und vor Gericht gestellt. Bei seinem Prozeß versucht er vergeblich, die dritte Dimension zu erklären. Er bemüht sich, den Polygonen und Kreisen die dreidimensionalen Kugeln, den Würfel und die Welt des Raumlandes zu erklären, aber ohne jeden Erfolg.

Herr Quadrat wird zu lebenslanger Haft verurteilt (das Gefängnis besteht aus einer Linie, die um seinen Körper gezogen wird) und beendet sein Leben als Märtyrer, der die Wahrheit gesehen hat. (Paradoxerweise müßte Herr Quadrat lediglich aus der Linie »herausspringen«, um aus seinem

Gefängnis in die dritte Dimension zu entkommen, aber diese Vorstellung liegt jenseits seines Fassungsvermögens.)

Edwin A. Abbott, Theologe und Rektor an der City of London School schrieb *Flächenland* als politische Satire über die Scheinheiligkeit des viktorianischen Zeitalters. Heute, ein Jahrhundert nach Veröffentlichung seines Romans, zwingt die Superstring-Theorie zu einer erneuten Auseinandersetzung mit einem höherdimensionalen Universum.

Erstens könnte ein zehndimensionales Wesen, das auf unser Universum herabsieht, in unser Inneres sehen und Operationen an uns vornehmen, ohne dabei unsere Haut zu verletzen. Die Vorstellung, in einen festen Körper einzudringen, ohne die äußere Hülle anzutasten, erscheint uns nur deshalb absurd, weil unser Hirn, ebenso wie das der Polygone im Flächenland, zu begrenzt ist, um in höheren Dimensionen zu denken.

Zweitens würden wir, wenn diese zehndimensionalen Wesen in unsere Welt hineinreichten und einen Finger in unsere Wohnungen ausstreckten, lediglich ein kugelförmiges Gebilde herumschweben sehen.

Drittens würden wir, wenn diese zehndimensionalen Wesen jemanden aus dem Gefängnis befreiten und ihn anderswo hinbrächten, sehen, wie diese Person auf mysteriöse Weise plötzlich verschwunden ist, um ebenso plötzlich und wie durch Magie an einem anderen Ort wieder aufzutauchen.

Viele Science-fiction-Autoren bedienen sich gern des »Teleporters« (Fernträgers), mit dem Menschen innerhalb eines Augenblicks über riesige Entfernungen von einem Ort zum andern versetzt werden können. Mit einem noch fortgeschritteneren Teleporter wäre es möglich, nicht nur an einem weit entfernten Ort, sondern in einer anderen Dimension wieder aufzutauchen.

Bildliche Darstellung höherer Dimensionen

Für unseren Verstand, der Objekte in drei Dimensionen wahrnimmt, sind höhere Dimensionen nicht faßbar. Selbst Wissenschaftler, die im Rahmen ihrer Forschungen regelmäßig mit höheren Dimensionen arbeiten, nähern sich ihnen mit den Mitteln abstrakter Mathematik, und versuchen nicht, sie sich bildlich vorzustellen.

Doch analog zu den Bewohnern von Flächenland gibt es Tricks, höherdimensionale geometrische Objekte bildlich darzustellen, wie zum Beispiel den Hyperwürfel.

Das Konzept eines dreidimensionalen Würfels wäre den Bewohnern von Flächenland völlig fremd. Doch wir haben mindestens zwei Möglichkeiten, um sie von der Existenz eines Würfels zu überzeugen. Zunächst würden wir einen hohlen Würfel auseinandernehmen und dabei sechs Quadrate entfalten, die sich in der Form, sagen wir, eines Kreuzes anordnen lassen. Während wir ohne weiteres die Quadrate wieder in ihre ursprüngliche Form eines dreidimensionalen Würfels bringen können, ist das für die Bewohner von Flächenland ganz unmöglich. Entsprechend könnte uns ein höherdimensionales Wesen das Modell des Hyperwürfels erklären, indem es ihn auseinandernimmt, wobei es eine Reihe dreidimensionaler Würfel erhält, die im Englischen »Tesserack« genannt werden.

(Die bekannteste Darstellung eines Tesseracks ist vermutlich Salvadore Dalís Gemälde der Kreuzigung Christi, das sich im Museum of Modern Art in New York befindet. Auf diesem Gemälde sieht man Maria Magdalena zu Christus aufblikken, der in der Mitte des Bildes vor einer Reihe von Würfeln schwebt, die zusammen ein Kreuz formen. Bei näherer Betrachtung kann man sehen, daß es sich bei diesem Kreuz um ein Tesserack handelt, einen auseinandergenommenen Hyperwürfel.)

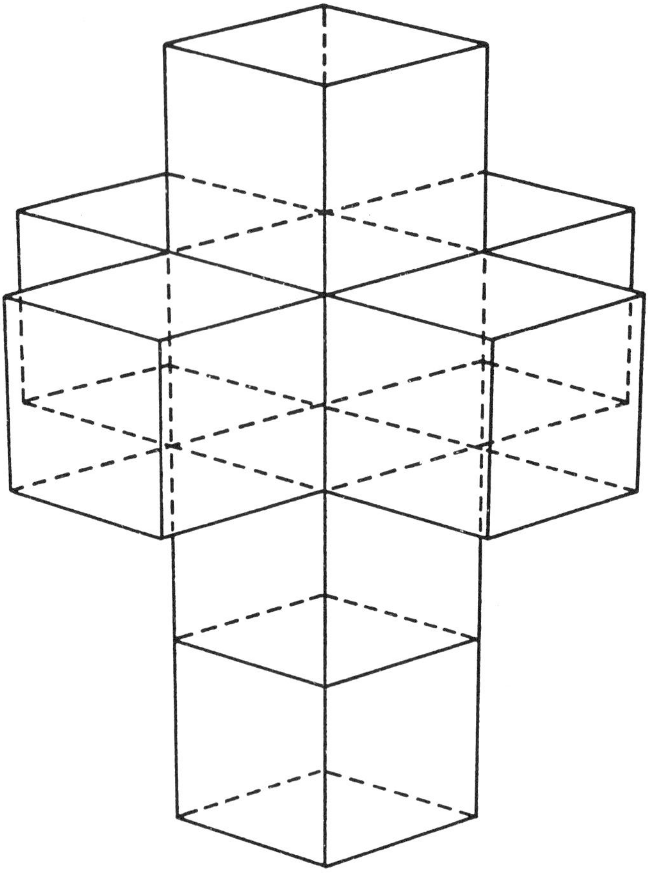

Wenn man einen dreidimensionalen Würfel auseinandernimmt, erhält man eine Reihe von Quadraten, die in der Form eines Kreuzes angeordnet sind. Nimmt man einen vierdimensionalen Hyperwürfel auseinander, erhält man ein kreuzartiges Gebilde aus dreidimensionalen Würfeln.

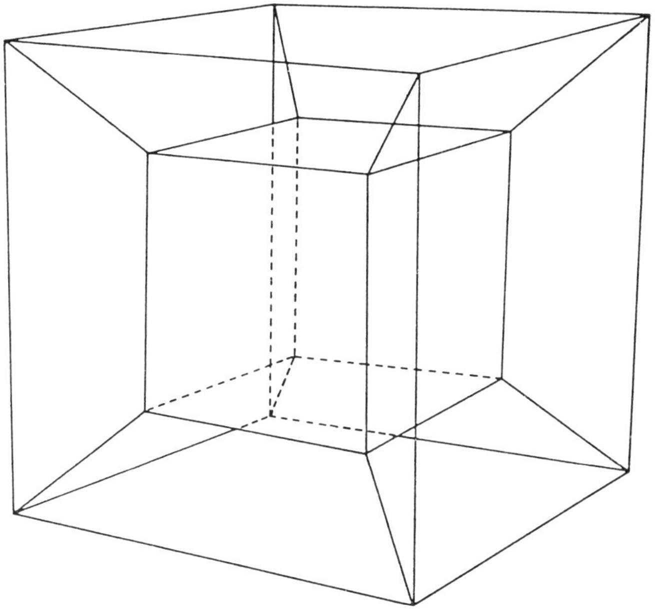

Der Schatten, den der vierdimensionale Hyperwürfel auf unser dreidimensionales Universum wirft, würde aussehen wie ein Würfel in einem Würfel.

Es gibt jedoch noch eine weitere Möglichkeit, den Bewohnern des Flächenlandes die Struktur eines Würfels zu erklären: Nehmen wir an, die Kanten des Würfels beständen aus Stäben und der Würfel selbst sei hohl. Nun lassen wir Licht auf den Würfel scheinen, so daß der Schatten auf eine zweidimensionale Ebene fällt. Unser Bewohner aus Flächenland könnte sofort erkennen, daß der Schatten des Würfels ein Quadrat innerhalb eines Quadrats ist. Wenn wir nun den Würfel drehen, erzeugt der Schatten geometrische Figuren, die für den Flächenländer unverständlich sind. Ebenso erscheint uns der Schatten eines Hyperwürfels, dessen Seiten aus Stäben bestehen, wie ein Würfel innerhalb eines Würfels. Wenn der Hyperwürfel gedreht wird, sehen wir den Würfel im Würfel in geometrischen Windungen, die sich unserem Verständnis entziehen.

Man kann also zusammenfassend sagen, daß höherdimensionale Wesen sich niedrigerdimensionale Objekte leicht vorstellen können, doch niedrigerdimensionale Wesen können nur Teile oder Schatten der höheren Dimensionen erkennen.

Eine Reise in einen höherdimensionalen Raum

Wie würde eine Reise in die zehnte Dimension aussehen?

Wir wollen uns entschließen, mit drei Fingern einen Bewohner des Flächenlands, etwa Herrn Quadrat, aus seiner zweidimensionalen Welt herauszuheben und ihn in unser dreidimensionales Universum zu versetzen. Er sähe drei Kreise, die sich um seinen Körper schließen, und auch unser Universum könnte er nur als zweidimensionale Querschnitte wahrnehmen. Wenn Herr Quadrat sich nun in unseren drei Dimensionen bewegt, sieht er plötzlich Formen auftauchen, wachsen und schrumpfen, Farben sich ändern und plötzlich verschwinden, kurz, alle physikalischen Gesetze von Flächenland wären außer Kraft gesetzt.

Wir können z. B. eine gewöhnliche Mohrrübe in ihrer Ganzheit wahrnehmen, nicht so ein Bewohner Flächenlands. Er könnte höchstens die einzelnen Teile einer in Scheiben geschnittenen Mohrrübe erkennen, niemals die ganze. Auch kann er, da seine Augen seitlich des Gesichts angebracht sind, nur seitlich in eine zweidimensionale Fläche sehen.

Wenn wir ihm die Spitze einer Mohrrübe vor sein Blickfeld halten, sieht er plötzlich einen orangefarbenen, immer größer werdenden Kreis aus dem Nichts vor sich auftauchen. Und plötzlich erscheint ein grüner Kreis, der auf mysteriöse Weise ebenso wieder verschwindet.

Entsprechend sähen wir, wenn wir auf ein höherdimensionales Wesen träfen, zunächst lediglich Umrisse von etwas

Kugelförmigem, was sich immer enger um uns schließt. In der höherdimensionalen Welt würden wir nur dreidimensionale Querschnitte des höheren Universums sehen. Wir würden beobachten, wie Objekte plötzlich auftauchen, wieder verschwinden, die Farbe wechseln, größer und wieder kleiner werden. Vielleicht würden wir verstehen, daß diese Objekte tatsächlich Teile eines mehrdimensionalen Objektes sind, doch wir könnten sie nicht im Ganzen wahrnehmen noch das Leben in einem höherdimensionalen Universum begreifen.

Die Krümmung der Raumzeit

Was ist eine Raumkrümmung?

Man versteht darunter die Verformung der Raumzeit-Struktur durch Materie und Energie. Wie in Kapitel 2 dargestellt, führte Einstein den Ursprung der Schwerkraft auf diese Verformung der Raumzeit zurück. Um den Effekt der Raumkrümmung zu veranschaulichen, denke man zurück an das Mittelalter, als die meisten Menschen noch an eine flache Erde glaubten. Die Erde erscheint in der Tat flach, da wir im Vergleich zum Erddurchmesser jeweils nur einen winzigen Ausschnitt wahrnehmen können. Ebenso kommt uns das Universum wahrscheinlich nur aufgrund seiner Größe flach vor.

Ein Käfer, der auf der Oberfläche einer großen Kugel krabbelt, würde diese Oberfläche für flach halten. Der Käfer würde, nachdem er die gesamte Oberfläche der Kugel umkrabbelt hat, schließlich wieder an seinem Ausgangspunkt ankommen. Daran wird deutlich, daß eine Kugel in zwei Dimensionen unendlich und unbegrenzt ist, in drei Dimensionen jedoch begrenzt.

Unser Universum existiert auf der Oberfläche einer sich seit dem Urknall ständig ausdehnenden (vierdimensionalen) Hyperkugel. Wie Punkte auf einem Ballon, der aufgeblasen wird, treiben die Galaxien kontinuierlich auseinander. (Es ist jedoch sinnlos zu fragen, wo der Urknall stattfand. Die ursprüngliche Ausdehnung eines Ballons fand nicht auf der Oberfläche des Ballons statt. Und auch der Urknall fand nicht auf der Oberfläche einer vierdimensionalen Raumzeit statt. Mit anderen Worten: um zu erklären, wo der Urknall stattfand, sind fünf Dimensionen erforderlich.)

In der Geometrie lernen wir zum Beispiel, daß die Summe der Winkel eines Dreiecks 180 Grad beträgt. Doch dies gilt nur für ein Dreieck auf einer ebenen Fläche. Bei einem Dreieck auf der Oberfläche einer Kugel ist die Summe der Winkel größer als 180 Grad. (Eine Kugel hat eine positive Krümmung.) Ein Dreieck z. B. auf der Innenseite einer Trompete oder eines Sattels hat eine Winkelsumme von weniger als 180 Grad. (Diese Oberflächen haben eine negative Krümmung.)

Nichteuklidische Geometrie

In der Vergangenheit versuchten Mathematiker wieder und wieder herauszufinden, ob das Universum gekrümmt ist. So wies im 19. Jahrhundert der Göttinger Mathematiker Carl Friedrich Gauß seine Assistenten an, sich auf der Spitze dreier Berge aufzustellen und so ein Dreieck zu bilden in der Hoffnung, durch die Messung der Winkel dieses riesigen Dreiecks bestimmen zu können, ob die Erde gekrümmt ist oder flach. Leider kam er lediglich zum Ergebnis, daß die Summe der Winkel 180 Grad war, die Erde also flach oder aber die Krümmung zu geringfügig sein müsse, um sich messen zu lassen.

Die Mathematik des gekrümmten Raums hat eine kuriose Vorgeschichte. Um 300 vor Christus schrieb der große griechische Mathematiker Euklid von Alexandria zum ersten Mal systematisch die Gesetze der Geometrie nieder und stellte dabei einige grundsätzliche Thesen auf. Über die Jahrhunderte war das kontroverseste dieser Gesetze sein »fünfter Satz«, wonach es zu einer Geraden nur eine Parallele gibt, die durch einen bestimmten Punkt geht.

Diese unschuldig klingende, allgemein verständliche Behauptung war die nächsten zweitausend Jahre Gegenstand des Interesses der Mathematiker. Sie glaubten, daß es möglich sei, den fünften aus den vier anderen abzuleiten. Es gab im Verlauf der Jahrhunderte immer wieder junge, ehrgeizige Mathematiker, die behaupteten, den fünften Satz des Euklid bewiesen zu haben. Doch immer waren ihre Beweise fehlerhaft. So sehr sie es auch versuchten, der fünfte Satz ließ sich nicht ableiten, bis man schließlich zu vermuten begann, daß der fünfte Satz Euklids nicht zu beweisen, also ein Axiom sei.

1829 löste der russische Mathematiker Nicolai Iwanowitsch Lobatschewski das Rätsel. Ausgehend von der Annahme, daß Euklids fünfter Satz sich nicht beweisen lasse, konstruierte er eine völlig neue Geometrie, in welcher dieser fünfte Satz nicht gilt. Damit war die nichteuklidische Geometrie geboren.

Leider lebte Lobatschewski in extremer Armut und war daher nicht in der Lage, seine Arbeit einem größeren Kreis bekanntzumachen. Im Gegensatz zu einigen anderen Mathematikern gehörte er weder zur Aristokratie, noch erfreute er sich am Zarenhof großer Beliebtheit. Tatsächlich hatte er sein Leben lang niemals eine gesicherte soziale Stellung inne; zudem machte er sich wegen seiner liberalen politischen Einstellung unbeliebt – damals eine sehr riskante Sache. Seine isolierte Position verschlechterte sich noch, da viele Mathematiker mit offener Feindseligkeit auf seine These reagierten, die euklidische Geometrie könne falsch oder unvollständig sein. Euklids Werk »Elemente« (der Geometrie) kam gleich nach der Bibel, und es zu kritisieren grenzte demzufolge an Ketzerei. Tatsächlich war Gauß einige Jahre vor Lobatschewski zu demselben Ergebnis gekommen, hatte es aber aus Furcht vor möglichen politischen Folgen niemals veröffentlicht.

Im Jahre 1854 legte der deutsche Mathematiker Bernhard Riemann eine Arbeit vor, in der die euklidische Geometrie auf höhere Dimensionen erweitert wurde. Er konnte zeigen, daß alle nichteuklidischen Geometrien als Geometrien von beliebig gekrümmten Oberflächen zu interpretieren seien.

Wie Lobatschewski war auch Riemann kein Liebling der Mächtigen. Auch er lebte in Armut und mußte zusätzlich den Lebensunterhalt einiger seiner Verwandten finanzieren, während er gleichzeitig das umfassendste mathematische System des Jahrhunderts entwickelte. Doch im Jahr 1859 hatte er das Glück, eine Professur in Göttingen zu erhalten. Leider rächten sich die Jahre, in denen er seine Gesundheit vernachlässigen mußte, und er starb 1866 im Alter von nur neununddreißig Jahren an Tuberkulose.

Die Riemannsche Geometrie stellt heute die mathematische Basis für die Allgemeine Relativitätstheorie dar; tatsächlich beruht Einsteins Theorie zu großen Teilen auf den Erkenntnissen verschiedener Mathematiker. Leider erlebte Riemann nicht mehr, daß seine Theorie eines Tages das Gerüst zum Verständnis des Universums lieferte.

Wo ist der fernste Stern?

Nehmen wir der Argumentation halber einmal an, unser Universum sei eine vergleichsweise kleine Hypersphäre. Was, so würden wir fragen, ist der am weitesten entfernte Punkt im Universum? Schon die Philosophen der Antike stellten sich diese Frage und überlegten, was sich hinter diesen entferntesten Objekten befinden könnte. Wenn das Universum klein genug wäre, könnten wir mit unseren Teleskopen Licht empfangen, das um die gesamte Sphäre gelaufen ist, und wir könnten auf diese Weise und sehr zu unserem Erstaunen entdecken, daß der fernste Gegenstand im Universum unser eigener Hinterkopf ist.

Einen Vergleich gibt ein Käfer, der auf der Oberfläche eines Ballons lebt. Angenommen, das Licht könne nur auf einem Kreis um die Ballonoberfläche reisen. Wenn der Käfer nun in ein Teleskop schaut, könnte das Licht rund um den Ballon laufen, bis es schließlich wieder auf das Teleskop trifft. Würde der Käfer sein Teleskop auf das fernste Objekt im Universum richten, sähe er schließlich ein Bild von sich selbst, wie er in das Teleskop schaut.

Entsprechend könnte das Licht, wenn wir auf einer kleinen Hypersphäre lebten, rund um unser Universum reisen. Das fernste Objekt, das wir dann im Universum sehen könnten, wäre das Bild von jemandem (von uns selbst), der in ein Teleskop sieht. Der fernste Stern wäre unsere Sonne.

Da das Licht unendlich oft um die Hypersphäre kreisen kann, könnte man theoretisch (durch kleine Veränderungen des Blickwinkels) wie in zwei parallel aufgestellten Spiegeln eine unendliche Zahl von Bildern sehen, die den Betrachter selbst darstellen.

Schwarze Löcher

Die Weltraumforschung wird in einigen Jahren wahrscheinlich imstande sein, Schwarze Löcher, die Überbleibsel massereicher Sterne nach einem gravitativen Kollaps, zu erforschen, so spekulativ dies auch derzeit noch zu sein scheint.

Wenn wir Einsteins Vorstellung der Schwarzen Löcher einer erneuten Prüfung unterziehen, stellen wir fest, daß diese Schwarzen Löcher im Grunde längliche, trompetenförmige Vertiefungen in der Struktur der Raumzeit darstellen.

Einstein wußte jedoch, daß dieses Bild nicht vollständig richtig ist. Bei nur einer einzigen solchen trompetenförmigen Vertiefung ergaben sich widersprüchliche »Ergebnisse«. Einstein mußte zwei solcher Vertiefungen kombinieren, um ein selbstkonsistentes Bild eines Schwarzen Lochs zu erhalten.

Das Schwarze Loch erscheint wie ein »Tor« zwischen zwei völlig unterschiedlichen Universen. Jeder, der in eines dieser Schwarzen Löcher hineinfiele, würde durch die Gravitationskraft zu Tode gequetscht werden. Deshalb erschien es Einstein als mathematische Kuriosität, daß diese Singularitäten Tore in andere, parallele Universen zu sein schienen. Im Zentrum dieser »Tore« oder »Brücken« (manchmal als »Einstein-Rosen-Brücke« bezeichnet) wird die Schwerkraft unendlich groß und macht jegliche Kommunikation zwischen den beiden Universen unmöglich. Sämtliche Atome und Atomkerne würden durch die im Zentrum herrschende Gravitationskraft zerbrochen.

Doch im Jahr 1963 entdeckte der Physiker Roy P. Kerr, daß ein rotierendes Schwarzes Loch, anstatt zu einem Punkt zusammenzustürzen, zu einer pfannkuchenförmigen unendlich dünnen Scheibe kollabiert. Es wird angenommen, daß die meisten Schwarzen Löcher wegen der Erhaltung ihres Drehimpulses sehr schnell rotieren; die Kerrsche Metrik ist daher das bessere Modell für ein Schwarzes Loch.

Die Kerr-Metrik ist jedoch eigenartig, weil die Gravitationskräfte, wenn man senkrecht von oben in die Scheibe fällt, nicht unendlich sind. Daraus ergibt sich eine weitere ungewöhnliche Möglichkeit, nämlich daß zukünftige Raumfähren direkt in ein rotierendes Schwarzes Loch gesteuert werden könnten, um auf der anderen Seite in einem parallelen Universum wieder aufzutauchen. Tatsächlich ist es möglich, den Weg, den die Raumfähre nähme, genau zu beschreiben.

Wenn wir uns der Scheibe von der Seite näherten, würden wir ebenso erdrückt wie bei dem Versuch, ein normales Schwarzes Loch zu durchqueren. Falls wir uns aber von oben näherten, wären die Gravitationskräfte zwar enorm stark, aber nicht unendlich.

Steven Hawking und sein Kollege Roger Penrose studierten

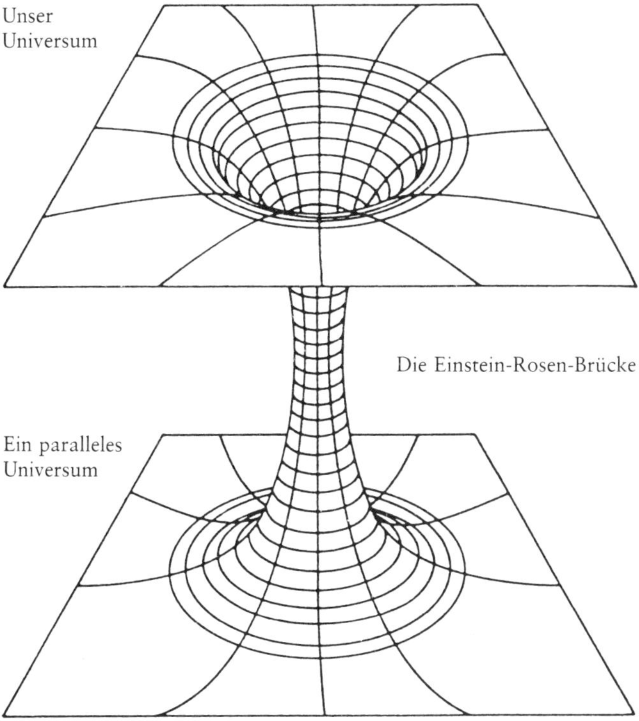

Ein Schwarzes Loch kann als Tor zu einem Paralleluniversum angesehen werden. Die »Falle« dabei ist, daß die Gravitationskräfte in der Mitte der Einstein-Rosen-Brücke wahrscheinlich jede Kommunikation zwischen den beiden Universen verhindern.

die Effekte dieser seltsamen Kerrschen Schwarzen Löcher und kamen zu dem Schluß, daß der Hals der Einstein-Rosen-Brücke sich tatsächlich biegen könnte und dabei an einem anderen Punkt des Universums wieder austräte. Diese Folgerung impliziert die Möglichkeit einer dimensionalen Brücke zwischen verschiedenen Teilen des Universums.

Wie könnte diese Brücke aussehen? Nehmen wir an, wir hätten ein rotierendes Kerrsches Schwarzes Loch entdeckt.

Wenn wir Raumfähren senkrecht zur Scheibe durch das Schwarze Loch senden würden, kämen sie nicht auf der anderen Seite des Schwarzen Lochs wieder heraus, sondern auf der anderen Seite des Universums. So gesehen könnte uns die Brücke den Zugang zur anderen Seite des Weltraums ermöglichen.

So faszinierend diese Vorstellung für die Verfasser von Science-fiction-Romanen auch sein mag, so unsicher ist es, ob diese Brücken tatsächlich existieren. Zwar sind sie als Lösungen von Einsteins Gleichungen gefunden worden, das jedoch reicht als Nachweis für ihre Existenz nicht aus. Wir müssen noch immer Quantenkorrekturen für diese »Wurmlöcher« vornehmen.

Es hat sich als unmöglich erwiesen, Quantenkorrekturen der Allgemeinen Relativitätstheorie zu berechnen. Daher blieb das Problem, ob Quanteneffekte die Brücke sperren könnten, stets spekulativ. Mit der Superstring-Theorie ist es jedoch nur eine Frage der Zeit, bis berechnet werden kann, was in einer Quanten-Einstein-Rosen-Brücke tatsächlich geschieht und ob Quanteneffekte die Brücke schließen können.

Viele Physiker sind der Ansicht, daß Quantenkorrekturen nach der Superstring-Theorie den Eingang verschließen und Reisen zur anderen Seite des Universums damit unmöglich machen. Wenn jedoch die Superstring-Korrekturen die dimensionale Brücke nicht schließen, bliebe uns die interessante Möglichkeit, die Raumschiffe direkt in ein rotierendes Schwarzes Loch zu schicken und sie auf der anderen Seite des Universums wieder auftauchen zu lassen.

So seltsam diese Brücken sind, die Allgemeine Relativitätstheorie hält noch seltsamere Effekte bereit. Mit den Superstrings wird es vielleicht möglich sein, die Frage, ob bizarre Verzerrungen der Zeit möglich sind, ein für allemal zu klären.

10. Zurück in die Zukunft

In Lewis Carrolls Erzählung *Alice hinter den Spiegeln* spaziert Alice durch einen Spiegel und betritt ein anderes Universum. Sie findet sich in einer ihr vordergründig vertrauten Welt wieder, doch die Sache hat einen Haken: In diesem Wunderland sind Logik und gesunder Menschenverstand völlig auf den Kopf gestellt.

Hinter dem Pseudonym Lewis Carroll verbirgt sich Charles Lutwidge Dodgson, Dozent für Mathematik in Oxford, der originäre Beiträge auf dem Gebiet der mathematischen Logik leistete. (Königin Viktoria war von seinen Kinderbüchern so angetan, daß sie darauf bestand, sein Buch zugeschickt zu bekommen. Er tat dies auch geflissentlich und sandte ihr sein neuestes Werk über abstrakte Mathematik.)

Ursprünglich schrieb er die Geschichten von Alice im Wunderland, um Kinder mit seiner verdrehten Logik zu amüsieren. Tatsächlich zeigte Carroll den Kindern jedoch, daß andere Welten möglich sind; Welten, in denen völlig andere Regeln herrschen.

Vom Standpunkt der modernen Physik aus können wir fragen: Was sagt uns die Wissenschaft über die Möglichkeit paralleler Universen, die unserem eigenen Universum ähnlich sind? Wie steht es mit Antimaterie-Universen, Spiegeluniversen, zeitverkehrten Universen? Und überrascht stellen wir fest, daß die GUT und die Superstring-Theorie sogar sehr viel über die Möglichkeit dieser verschiedenen Universen aussagen.

Der erste, der die Tür in mögliche alternative Welten aufstieß, war Paul Dirac, einer der Begründer der Quantenmechanik. Er entdeckte die Theorie der Antimaterie eher durch Zufall.

Antimaterie

Dirac wurde 1902 geboren, im selben Jahr wie Heisenberg. Mit achtzehn Jahren graduierte er an der Bristol University in England, allerdings nicht in Physik, sondern in Elektrotechnik, konnte jedoch – ebenso wie Einstein – nach dem Examen keine Arbeit finden. Die Zulassung zur Cambridge University mußte er aus Geldmangel ablehnen. Er lebte, ohne zunächst Arbeit finden zu können, bei seinen Eltern, bis er im Jahr 1923 den akademischen Grad »Bachelor of Arts« in angewandter Mathematik erhielt.

Dirac hörte im Jahr 1925 von den aufsehenerregenden Arbeiten Heisenbergs, der, ebenfalls in seinen frühen Zwanzigern, eine neue Theorie der Materie und Strahlung entwikkelt hatte: die Quantenmechanik. Dirac stürzte sich kopfüber und ohne nennenswerte Vorkenntnisse in das neue Gebiet und leistete erstaunlich originelle Beiträge auf dem Gebiet der Quantenmechanik.

Im Jahr 1928 störte sich Dirac an dem Umstand, daß die Schrödingergleichung nicht-relativistisch war und nur auf Objekte, die sich sehr viel langsamer als das Licht bewegen, angewandt werden konnte. Er stellte außerdem fest, daß Einsteins berühmte Gleichung $E = mc^2$ nicht völlig richtig war. (Einstein wußte, daß die korrekte Version $E = \pm mc^2$ sein müßte, befaßte sich aber nicht weiter mit diesem Minuszeichen, da er gerade an einer Theorie der Kräfte arbeitete.) Dirac jedoch, der dabei war, eine neue Gleichung für das Elektron zu formulieren (heute Dirac-Gleichung genannt), konnte die Möglichkeit von Materie mit negativer Energie nicht außer acht lassen. Das Minuszeichen war rätselhaft, denn es schien eine völlig neue Form von Materie vorauszusagen.

Dirac fand heraus, daß Materie mit negativer Energie genau wie normale Materie aussehen müsse, aber die umgekehrte Ladung hätte. Das Antielektron, zum Beispiel, wäre positiv geladen und könnte im Prinzip um ein negativ geladenes Antiproton kreisen und auf diese Weise Antiatome erzeugen. Diese Antiatome wiederum könnten sich zu Antimolekülen verbinden und schließlich Antiplaneten und Antisterne bilden, die ausschließlich aus Antimaterie bestünden.

Zunächst war Diracs Ansatz, in dem er das Proton als Gegenstück zum Elektron ansah, noch vergleichsweise konservativ; doch ausdrücklich beharrte er auf der Möglichkeit, daß es sich unter Umständen um eine völlig neue Form von Materie handeln könne.

Die Existenz von Antimaterie, die Dirac erstmalig vorausgesagt hatte, wurde später mit der Entdeckung des Antielektrons (dem sogenannten Positron) durch Carl Anderson vom California Institute of Technology nachgewiesen. Nachdem Anderson die Bahnen von kosmischer Strahlung analysiert hatte, bemerkte er auf einer Photographie ein Elektron, das in einem Magnetfeld in die falsche Richtung wanderte; es war ohne Zweifel ein positiv geladenes Elektron.

Im Alter von einunddreißig Jahren erhielt Dirac für seine Arbeiten den Nobelpreis und wurde außerdem auf den Lucasischen Lehrstuhl für Mathematik in Cambridge berufen (eine Position, die Isaac Newton einige Jahrhunderte zuvor innegehabt hatte). Anderson erhielt den Nobelpreis kurz darauf im Jahr 1936.

Heisenberg war so beeindruckt von Diracs Ergebnissen, daß er sagte: »Ich glaube, die entscheidenste Entdeckung in Verbindung mit den Eigenschaften oder der Natur der Elementarteilchen war Diracs Entdeckung der Antimaterie.«[1]

Wenn Materie und Antimaterie aufeinandertreffen, neutralisieren sie einander und setzen dabei enorme Mengen an Energie frei. Es wäre schwierig, wenn nicht gar unmöglich, größere Mengen von Antimaterie zu untersuchen, da schon die Berührung mit normaler Materie eine riesige Explosion verursachen würde, deren Wirkung weitaus größer wäre als die einer Wasserstoffbombe.

Bei der Umwandlung von Materie und Antimaterie in Energie wird weitaus mehr Energie freigesetzt als beispielsweise bei der Detonation einer Wasserstoffbombe. Bei einer Kernexplosion ist die Umwandlung von Materie in Energie zu etwa einem Prozent effizient im Gegensatz zur hundertprozentigen Effizienz einer Antimateriebombe, wenn sie denn gebaut werden könnte. (Allerdings wäre es sehr unpraktisch, Atombomben aus Antimaterie zu bauen. Es ist zwar theoretisch möglich, doch sie wären unerschwinglich teuer.)

Heute werden Experimente mit Antimaterie durchgeführt. Tatsächlich werden weltweit in Teilchenbeschleunigern Strahlen aus reinen Antielektronen erzeugt. (Da die Strahlen sehr schwach sind, setzt die plötzliche Kollision von Materie und Antimaterie zwar Energie frei, doch wird keine Explosion verursacht.)

In der Zukunft könnte die gegenseitige Vernichtung von Materie und Antimaterie als mögliche Energiequelle für die Raumfahrt genutzt werden (jedoch nur, wenn große Teile von Antimaterie im Universum gefunden würden).

Mancher Leser von Science-fiction-Romanen ist erstaunt zu erfahren, daß die Theorie der Antimaterie gar nicht neu, sondern bereits über sechzig Jahre alt ist. Vielleicht ist der Grund, weshalb die Existenz von Antimaterie so wenig bekannt ist, der, daß Dirac eher einsilbig war und niemals mit seinen Errungenschaften prahlte. Dirac war für seine Wortkargheit so bekannt, daß die Studenten der Cambridge University die »Dirac-Einheit« erfanden, ein Maß für Redseligkeit, die ein Wort pro Jahr bezeichnet.

Zurück in der Zeit

Jahre später stellte Feynman – damals noch Student an der Princeton University – eine weitere Interpretation der Natur der Antimaterie vor. Feynman fand heraus, daß in der Theorie der Quantenelektrodynamik Antimaterie, die sich in der Zeit vorwärts bewegt, nicht von gewöhnlicher Materie unterschieden werden kann, die in der Zeit zurückläuft.

Diese Hypothese erlaubte eine völlig neue (aber äquivalente) Interpretation der Antimaterie. Als Beispiel nehmen wir ein Elektron, das sich in einem elektrischen Feld nach links bewegt. Ginge es in der Zeit zurück, würde es sich nach rechts bewegen. Doch ein Elektron, das sich nach rechts bewegt, würde uns wie ein positiv geladenes und nicht wie ein negatives Elektron erscheinen. Daher ist ein Elektron, das in der Zeit zurückgeht, von Antimaterie, die sich vorwärts in der Zeit bewegt, nicht zu unterscheiden. Anders gesagt, das Elektron, das Carl Anderson bei seinen Experimenten mit kosmischer Strahlung photographierte und das sich wie ein Elektron mit positiver Ladung verhielt, ging tatsächlich in der Zeit zurück.

Daraus ergab sich eine Neuinterpretation der Feynman-Diagramme. Nehmen wir an, daß ein Elektron mit einem Antielektron kollidiert und dabei Energie freigesetzt wird. Wenn wir den Zeitpfeil bei dem Antielektron umdrehen, so daß es in der Zeit rückwärts geht, können wir dieses Diagramm neu interpretieren. Der Neuinterpretation entsprechend geht ein Elektron in der Zeit vorwärts, setzt ein Photon frei, und *dasselbe Elektron* geht dann in der Zeit zurück.

Feynman zeigte, daß alle Gleichungen der QED identisch sind, wenn sie Antimaterie beschreiben, die in der Zeit vorwärts geht, oder normale Materie, die rückwärts in der Zeit geht. Dieser bizarre Stand der Dinge ermöglichte eine absonderliche Hypothese: John Wheeler von der Princeton University schlug vor, das ganze Universum als aus nur einem einzigen Elektron gemacht zu betrachten.

Eines Tages, als Feynman noch in Princeton studierte, teilte ihm Wheeler aufgeregt mit, er wisse nun, weshalb alle Elektronen im Universum gleich aussehen. Jeder Chemiestudent lernt, daß alle Elektronen gleich sind. Es gibt keine fetten oder grünen oder langen Elektronen. Wheeler schlug nun vor, von der Annahme auszugehen, daß alle Elektronen gleich aussähen, weil es sich in der Tat um dasselbe Elektron handele.

Wir betrachten als Beispiel den kosmischen Schöpfungsakt. Aus dem Chaos und dem Feuer des Urknalls sei nur ein einziges Elektron entstanden. Dieses einsame Elektron bewegt sich Jahrmilliarden in der Zeit vorwärts, bis es schließlich auf ein anderes umwälzendes Ereignis trifft – das Ende der Zeit oder den Tag des Jüngsten Gerichts. Von dieser Erfahrung erschüttert, macht das Elektron kehrt und geht wieder in der Zeit zurück. Wenn das gleiche Elektron schließlich wieder beim Urknall angekommen ist, dreht sich seine Richtung wiederum um. Das Elektron teilt sich nicht in viele Elektronen, sondern es bleibt unverändert ein und dasselbe Elektron, das wie ein Tischtennisball zwischen Urknall und Jüngstem Gericht hin- und herschießt. Nun bemerkt aber jeder, der sich irgendwo zwischen Urknall und dem Jüngsten Tag im 20. Jahrhundert befindet, eine große Anzahl von Elektronen und Antielektronen. Tatsächlich ist anzunehmen, daß das Elektron genügend oft hin- und hergereist ist, um die gesamte Anzahl der Elektronen im Universum zu erzeugen. (Natürlich kann ein Objekt, das im *Raum* hin- und zurückreist, nicht mehr als eine Kopie von sich selbst erzeugen. Doch ein Objekt, das in der *Zeit* vor- und zurückgeht, kann mehrere Kopien seiner selbst haben. Ein Beispiel gibt der Film *Zurück in die Zukunft*: Am Ende des Films kehrt der Held gerade noch rechtzeitig in die Gegenwart zurück, um sich selbst beim Verlassen der Zeitmaschine zu beobachten. In dieser Szene gibt es zwei Bilder des Helden. Im Prinzip kann der Effekt des in der Zeit Vor- und Zurückgehens beliebig oft wiederholt werden und dabei in der Gegenwart eine unendliche Anzahl Kopien erzeugen.)

Wenn diese Theorie richtig ist, heißt das, daß es sich bei den Elektronen im Körper zweier Menschen um dasselbe Elektron handelt, mit dem einzigen Unterschied, daß die einen Elektronen, sagen wir, milliardenmal älter sind als die anderen. Wenn diese Theorie stimmt, hilft sie bei der Erklärung eines der fundamentalsten Grundsätze der Chemie: Alle Elektronen sind gleich. (Eine moderne Version dieser Theorie wäre das nur aus einem String bestehende Universum.)

Kann Wheelers Einelektron-Universum tatsächlich die Existenz aller Materie im Universum erklären? Kann Materie tatsächlich in der Zeit zurückgehen und zu Antimaterie werden? Formal kann die Frage mit Ja beantwortet werden. Doch nach der QED-Theorie läßt sich kein Experiment durchführen, das Materie, die sich in der Zeit rückwärts bewegt, von Antimaterie, die in der Zeit vorwärts geht, unterscheidet. Mit anderen Worten, es ist unmöglich, brauchbare Informationen in der Zeit zurückzusenden. Wenn Antimaterie im äußeren Weltraum gesichtet würde, könnte sie uns vielleicht von der Zukunft her erreicht haben. Doch wir können mit dieser Antimaterie keine Signale in die Vergangenheit schicken.

Das bedeutet, daß man kein Geld verdienen kann, wenn man an der Börse von gestern kauft, oder daß man niemals seine Eltern vor der eigenen Geburt antreffen wird. Wir können also die Möglichkeit, Zeitreisen zu unternehmen, ausschalten.

Gespiegelte Welten

Als Alice durch den Spiegel blickte, sah sie als erstes eine spiegelverkehrte Welt, die zu ihr zurückstarrte. Die Menschen in dieser Welt waren größtenteils Linkshänder, sie hatten ihr Herz auf der rechten Körperseite, und die Uhren bewegten sich entgegen dem Uhrzeigersinn.

Diese Spiegelwelt mag seltsam erscheinen, doch Physiker glaubten lange Zeit an die physikalische Möglichkeit eines seitenverkehrten Universums. Die Gleichungen von Newton, Maxwell, Einstein und Schrödinger bleiben beispielsweise unverändert, wenn man sie umdreht. Wenn unsere Gleichungen nicht zwischen links und rechts unterscheiden, dann sollten auch beide Universen physikalisch möglich sein.

Dieses Prinzip, die »Erhaltung der Parität«, läßt sich leicht anhand eines Beispiels erklären, das Feynman verwendete:

Nehmen wir an, wir haben gerade Funkverbindung mit außerirdischen Wesen aufgenommen. Wir können sie nicht sehen, aber wir haben ihre Sprache entziffert und können mit ihnen über Funk kommunizieren. Aufgeregt über diesen außerirdischen Kontakt, wollen wir ihnen nun unsere Welt zu erklären versuchen. Wir fragen: »Wie seht ihr aus? Wir haben einen Kopf, zwei Arme und zwei Beine.« Sie antworten: »Wir haben zwei Tentakel und zwei Köpfe.« Schnell geben wir weitere Einzelheiten über unsere Welt und sie verstehen alles, was wir sagen.

Alles verläuft glatt, bis wir sagen: »[...] und unser Herz ist auf der linken Körperseite.«

Das bringt sie völlig durcheinander.

Sie erwidern: »Wir sind überrascht. Wir verstehen die Bedeutung von ›Herz‹, denn wir haben drei davon, aber was meinen Sie mit ›links‹?«

Kein Problem, denken wir, und antworten: »Wissen Sie, ›links‹ wie in ›linkshändig‹.«

Verwirrt sagen sie: »Wir verstehen das Konzept einer Hand, weil wir selbst zwei Tentakel haben, aber welches ist unser linkes Tentakel?«

Wir geraten ins Stottern. Wir denken ein wenig nach und finden dann ein weiteres Beispiel: »Wenn Sie Ihren Körper im Uhrzeigersinn drehen, bewegt er sich nicht nach links, sondern nach rechts.«

Verblüfft antworten die Außerirdischen: »Wir verstehen die Bedeutung von ›rotieren‹, aber was heißt ›im Uhrzeigersinn‹?«

Frustriert sagen wir: »Kennen Sie die Bedeutung von oben und unten?«

»Klar«, antworten sie, »oben heißt weg vom Zentrum unseres Planeten, und unten heißt zum Zentrum hin. Wir verstehen oben und unten.«

Jetzt fügen wir hinzu: »Wenn der Zeiger einer Uhr nach oben zeigt, bewegt er sich im Uhrzeigersinn nach rechts.«

Sie antworten so verwirrt wie eh und je: »Wir verstehen oben, wir verstehen Uhren, aber wir verstehen noch immer nicht ›rechts‹ oder ›im Uhrzeigersinn‹.«

Erschöpft versuchen wir es ein letztes Mal: »Wenn Sie am Nordpol sind und Ihr Planet bewegt sich im Uhrzeigersinn unter Ihren Füßen, dann dreht sich der Planet nach rechts.«

Sie antworten: »Wir verstehen das Konzept der Pole, aber wie unterscheiden Sie den Nordpol vom Südpol?«

An diesem Punkt werfen wir frustriert das Handtuch.

Diese Geschichte soll zeigen, daß Physiker es einst für unmöglich hielten, allein über Funk den Unterschied zwischen rechts und links zu erklären. Sie hingen an der Vorstellung der Paritätserhaltung, die davon ausgeht, daß ein vernünftiges Universum, das kein bekanntes Prinzip verletzt, entweder linkshändig oder rechtshändig sein muß.

Diese Ansicht der Physiker brach zusammen, als im Jahr 1956 »Frank« Yang und ein weiterer junger chinesischer Emigrant in den USA, Tsung Dao Lee, nachwiesen, daß Paritätserhaltung für die schwache Wechselwirkung nicht galt. Chien Shiung Wu lieferte die experimentelle Bestätigung, als sie zeigte, daß beim Zerfall von Kobalt 60-Atomen Elektronen abgestrahlt werden, die überwiegend in einer Vorzugsrichtung rotieren.

Als die Ergebnisse des Experiments veröffentlicht wurden, waren die Physiker schockiert. »Gott muß einen Fehler gemacht haben«, meinte Pauli, als er die Neuigkeit hörte.

Die Welt der Physik wurde durch die Behauptung von Yang und Lee, wonach die Unterscheidung zwischen einem rechtshändigen und einem linkshändigen Universum schließlich doch möglich ist, schwer erschüttert.

So eigentümlich ihre Theorie auch war, die experimentellen Ergebnisse waren schlüssig, und beide Physiker erhielten für ihre Arbeit den Nobelpreis des Jahres 1957.

Ausgestattet mit den Ergebnissen von Lee und Yang, können wir den Funkkontakt wieder aufnehmen und den Außerirdischen sagen: »Ich hab's. Nehmen Sie ein Stück Kobalt 60, geben Sie es in ein Magnetfeld; die Elektronen, die dabei ausstrahlen, wandern in Richtung Nordpol. Wenn Sie die Bedeutung von Norden kennen, kennen Sie auch die Bedeutung von Uhrzeigersinn und rechts.«

Die Außerirdischen würden antworten: »Wir verstehen, was ihr mit Kobalt 60 meint. Wir wissen, welches Element 60 Protonen in seinem Kern hat. Wir können dieses Experiment durchführen.«

Durch die Pionierarbeit von Lee und Yang scheint es nun doch möglich zu sein, das Konzept von rechts und links auch über Funk zu vermitteln.

Nehmen wir an, es sei uns gelungen, Raumfähren zu konstruieren, die groß genug sind, um uns zu dem außerirdischen Planeten zu bringen. Wir vereinbaren mit den Außerirdischen vorab, uns anläßlich dieser historischen Gelegenheit alle die »rechte« Hand bzw. das »rechte« Tentakel zu geben.

Wenn wir uns dann schließlich treffen, strecken wir vertrauensvoll die rechte Hand aus. Plötzlich bemerken wir, daß die Außerirdischen ihr linkes Tentakel ausstrecken.

Und blitzartig erkennen wir, daß wir einen schrecklichen Fehler begangen haben. Die Außerirdischen sind tatsächlich aus Antimaterie! Die ganze Zeit sprachen wir zu Außerirdischen, die aus Antimaterie bestehen, die ein Experiment mit Antikobalt 60 durchführten und die Drehungen von Antielektronen maßen, die nach Süden, nicht nach Norden gingen.

Dann kommt uns ein entsetzlicher Gedanke: Sobald wir

mit unserer rechten Hand die linken Tentakel der Außerirdischen schütteln, zerplatzen wir bei einer Materie-Antimaterie-Kollision!

CP-Verletzung

Bis in die sechziger Jahre hielt man, trotz der nachgewiesenen Paritätsverletzung, ein Universum, das aus Antimaterie besteht und dessen Links- und Rechtshändigkeit man vertauschen kann, für möglich. Man nahm an, daß die Gleichungen des Universums auch unter den Bedingungen eines CP-Austauschs unverändert bleiben (das »C« steht für »charge conjugation«, d. h. Ladungsaustausch, wobei Materie in Antimaterie übergeht, das »P« für »parity reversal«, d. h. Vertauschung von rechts und links).

Das hieß, daß auch das Konzept von rechts und links den Außerirdischen über Funk nicht vermittelbar war, wenn vorab nicht geklärt war, ob die Außerirdischen aus Materie oder Antimaterie bestehen. Die Symmetrie im Universum schien wiederhergestellt.

Doch 1964 zeigten Val L. Fitch und James W. Cronin vom Brookhaven National Laboratory, daß auch die CP-Erhaltung beim Zerfall bestimmter Mesonen verletzt wurde. Die Gleichungen des Universums blieben also nicht unverändert, wenn man Materie und Antimaterie sowie links und rechts vertauschte.

Zunächst wurden die Neuigkeiten über die CP-Verletzungen mit Enttäuschung aufgenommen. Es bedeutete, daß das Universum weit weniger symmetrisch ist als ursprünglich angenommen. Zwar widerlegte dieser Umstand noch keine der bedeutenden Theorien, doch das Universum mußte bei weitem rätselhafter sein, als die Physiker sich es vorgestellt hatten.

Heute erklärt jedoch die GUT, weshalb der scheinbare

Fluch der CP-Verletzungen in Wirklichkeit ein Segen sein könnte.

In allen Theorien über den Ursprung des Universums tauchte die Frage auf, weshalb man nicht gleich viel Materie und Antimaterie im Weltall findet. Obwohl es nicht einfach ist, Materie von Antimaterie zu unterscheiden, glauben Astronomen, daß im sichtbaren Universum Antimaterie nur in vernachlässigbaren Mengen vorhanden ist.

Was ist die Ursache für das Ungleichgewicht zwischen Materie und Antimaterie? Warum dominiert in unserem Universum die Materie?

Über die Jahrzehnte sind hochspekulative Modelle entwikkelt worden, die die Hypothese aufstellten, daß Materie und Antimaterie im Universum vielleicht durch irgendeine unsichtbare Kraft auseinandergehalten würden.

Doch die einfachste Erklärung liefert die vereinheitlichte Feldtheorie. Sowohl in der GUT als auch in der Superstring-Theorie wird die CP-Erhaltung verletzt. Daraus resultierte am Beginn der Zeit ein leichtes Übergewicht der Materie über die Antimaterie (ungefähr 1 zu 1 Milliarde). Materie und Antimaterie haben sich also beim Urknall gegenseitig neutralisiert und Strahlung erzeugt, bei der jedoch ein Bruchteil von einem Milliardstel der ursprünglichen Materie übrigblieb. Dieser Überschuß ist die in unserem Universum vorhandene Materie.

Mit anderen Worten, die Materie, aus der wir bestehen, ist wie ein Fossil, das von der gegenseitigen Vernichtung von Materie und Antimaterie beim Urknall übriggeblieben ist. Daß es überhaupt Materie gibt, liegt an der CP-Verletzung, die die vereinheitlichten Feldtheorien beinhalten. Ohne CP-Verletzung gäbe es kein Universum.

Zeitreisen

Bis jetzt haben wir nur offensichtlich »ordentliche« Universen diskutiert, die mit den experimentellen Daten übereinstimmen. P- und CP-Verletzungen sind wieder und wieder in den Laboratorien gemessen worden und können bestimmte Eigenschaften des frühen Universums erklären.

Doch die Allgemeine Relativitätstheorie läßt auch Universen zu, die ziemlich schwierig zu interpretieren sind. Einige dieser Universen scheinen Zeitreisen zu erlauben.

Jede Lösung von Einsteins Gleichungen, die bestimmte kosmologische Aspekte erklären oder voraussagen konnten, war aufregend. Die Schwarzschild-Lösung lieferte beispielsweise die Beschreibung der Schwarzen Löcher. Die Nordstrøm-Reissner-Lösung beschrieb geladene Schwarze Löcher. Die Robertson-Walker-Lösung beschrieb den Urknall.

Doch eine Lösung zu dieser Theorie warf fundamentale Fragen auf über die Bedeutung der Zeit. Im Jahr 1949 entdeckte der Mathematiker Kurt Gödel vom Institute for Advanced Studies in Princeton eine seltsame Lösung zu Einsteins Gleichungen, die »akausal« war (für Physiker ist die Zeit in einem akausalen Universum zyklisch, d. h., sie wiederholt sich unendlich oft selbst wie ein Film, der ununterbrochen gespielt wird).

Einstein selbst bestätigte die störenden Implikationen von Gödels Theorie. Im Februar 1949 schrieb er, daß Gödels Arbeit in der Tat Rätsel und Fragen aufwarf, die er nicht völlig beantworten konnte. Gödels Lösung leistet Einsteins Meinung nach einen bedeutenden Beitrag zur allgemeinen Relativitätstheorie, insbesondere zur Analyse des Konzepts der Zeit. Das Problem störte bereits, als Einstein die allgemeine Relativitätstheorie entwickelte, ohne daß er es hätte klären können.[2]

Einstein konnte zwar Gödels Lösung nicht widerlegen, doch faßte er seine Kritik wie folgt zusammen: »[...] es wäre interessant abzuwägen, ob sie [die Lösungen] nicht auf physikalischer Grundlage ausgeschlossen werden könnten«,[3] d. h., ob sie fallengelassen werden könnten, da sie einige Prinzipien verletzten.

Mitte der sechziger Jahre entdeckten die Physiker E. T. Newman, T. W. J. Unti und L. A. Tamborini von der Universität Pittsburgh weitere bizarre Lösungen für Einsteins Gleichungen. Ihre Lösungen waren so verrückt, daß man sie kurzerhand nach ihren Erfindern die NUT-Lösungen* nannte.

NUT-Lösungen erlauben nicht nur seltsame Zeitreisen, sondern gestatten auch andere, seltsame Verzerrungen der Raumzeit. Man stelle sich zum besseren Verständnis einen Spaziergang von 360° um einen runden Tisch vor. Natürlich kommt man wieder am Ausgangspunkt an. Anschließend steige man auf einer Wendeltreppe eine volle Umdrehung von 360° aufwärts. Natürlich kommt man im nächsten Stockwerk und nicht am Ausgangspunkt an.

Diese NUT-Lösungen erlauben »wendeltreppenartige« Lösungen in höhere Dimensionen. Das bedeutet, daß man bei der vollen Umrundung z. B. eines Sterns ebenfalls nicht am Ausgangsort, sondern in einer anderen Schicht der Raumzeit ankäme.

Obwohl Einsteins Gleichungen seltsame Zeitverzerrungen erlauben, müssen wir nicht befürchten, die Erde könne eines Tages in eine NUT-Lösung fallen und auf der anderen Seite des Universums wieder herauskommen. Wie in *Zurück in die Zukunft* dargestellt und wie gesagt ist es nicht möglich, in der Zeit zurückzugehen und sich in die eigene Mutter zu verlieben, noch ehe man geboren ist. Diese NUT-Universen, falls sie existieren, wären jenseits unseres sichtbaren Universums. Auch die Kommunikation mit ihren Bewohnern wäre unmöglich, da die NUT-Universen jenseits der Reichweite von

* »NUT« hat im Amerikanischen die Bedeutung von »Spinner«.

Lichtstrahlen liegen. Aus diesem Grund können wir diese Lösungen der Einstein-Gleichungen getrost fallenlassen.

Quantenkorrekturen der gekrümmten Zeit

In den sechziger Jahren konnte man die Gödel- und die NUT-Universen beiseite lassen; die Tatsache, daß Einsteins Theorien solche bizarren Universen als Lösungen zuließen, wurde als Zufall betrachtet.

Doch mit der wachsenden Bedeutung der Quantentheorie geriet alles durcheinander. Nach Heisenbergs Unschärferelation besteht stets die Möglichkeit eines Quantensprungs in andere Universen, sei die Wahrscheinlichkeit auch noch so gering. Damit führte die Quantentheorie viele dieser seltsamen Theorien wieder ein. Da jedoch die Quantenkorrekturen für Einsteins Theorie nicht zuverlässig berechnet werden konnten, blieb die ganze Angelegenheit immer etwas im dunkeln; weder auf die eine noch auf die andere Weise konnten definitive Behauptungen aufgestellt werden.

Mit der Entwicklung der Superstring-Theorie jedoch hörte das Ratespiel auf. Alle Quanteneffekte sind heute im Prinzip berechenbar. Man wird ein und für alle Mal die Frage beantworten können, ob die Quantenmechanik diese verrückten Lösungen zu Einsteins Gleichungen zuläßt oder nicht – Lösungen, die Brücken erlauben sowie das Hineinfallen in andere Universen und in solche, in denen Zeitreisen möglich sind.

Noch ist die Aufregung neu, die durch die Superstring-Theorie verursacht wurde, und noch konnte niemand bisher diese Quantenkorrekturen berechnen. Es wäre interessant mitzuerleben, wie weitreichend diese Quantenkorrekturen tatsächlich sind.

Alles aus Nichts?

Jahrelang hingen Physiker der Vorstellung an, das gesamte Universum könne aus einem Quantenübergang aus Nichts (d. h. aus reiner Raumzeit, ohne Materie oder Energie) entstanden sein.

Die Idee, etwas aus reiner Raumzeit zu schaffen, ist nicht neu und führt in die Zeit des Zweiten Weltkriegs zurück. Damals beschrieb der Physiker George Gamow in seiner Autobiographie *My World Line*, wie er Einstein zum ersten Mal von dieser seltsamen Theorie erzählte. Während eines Spaziergangs durch die Straßen von Princeton erwähnte Gamow nebenbei, daß nach einer Idee des Quantenphysikers Pasqual Jordan ein Stern allein aufgrund seiner Masse Energie haben müsse. Bei Berechnung der in seinem Gravitationsfeld eingeschlossenen Energie würden wir jedoch bemerken, daß diese Energie negativ ist. Die Gesamtenergie eines Systems könnte also tatsächlich Null sein.

Was, so argumentierte Jordan, würde dann einen Quantensprung von einem Vakuum in einen Stern verhindern? Da der Stern keine Energie hätte und aus dem Nichts entstanden wäre, gäbe es auch keine Verletzung des Gesetzes über die Energieerhaltung.

Gamow erinnert sich an Einsteins Reaktion. Er »[...] blieb mitten auf der Straße stehen, und einige Autos mußten scharf bremsen, um uns nicht zu überfahren.«

1973 vermutete Ed Tyron vom Hunter College in New York unabhängig von diesen früheren Theorien über die Sternentstehung, daß vielleicht das gesamte Universum aus reiner Raumzeit erzeugt wurde. Auch nach seiner Argumentation war die Gesamtenergie des Universums empirisch nahe bei Null. Was, wenn das gesamte Universum die Folge einer »Vakuum-Fluktuation« wäre, eines zufälligen Quantensprungs vom Vakuum in ein ausgewachsenes Universum?

Physiker, die die Anfänge der Inflationstheorie mit geprägt

hatten, behandelten diese Vorstellung eines aus dem Nichts entstandenen Universums als ernsthaftes, wenn auch sehr spekulatives Konzept.

Welche Relevanz hat diese »Alles-aus-Nichts«-Theorie für die Theorie der Superstrings?

Wie bereits erwähnt, betrachtet die Superstring-Theorie das Universum in seinem Ursprung als instabil und zehndimensional, bevor in einem vehementen Kollaps unser heutiges vierdimensionales Universum entstand. Dieses gewaltige Ereignis wiederum erzeugte den eigentlichen Urknall. Wenn die »Alles-aus-Nichts«-Theorie richtig wäre, hätte das ursprünglich zehndimensionale Universum vielleicht bei der Energie Null begonnen.

Zur Zeit sind Superstring-Theoretiker noch nicht in der Lage, genaue Berechnungen über den Prozeß vorzunehmen, der den Zusammenbruch eines zehndimensionalen Universums in ein vierdimensionales erklärt. Die dazugehörige Mathematik übersteigt derzeit noch die Fähigkeiten der meisten Physiker, da komplizierte quantenmechanische Effekte berücksichtigt werden müssen. Doch das Problem ist bereits mathematisch gut definiert, so daß seine Lösung lediglich eine Frage der Zeit ist. Wenn man erst die Dynamik verstanden hat, die den Bruch des zehndimensionalen Universums in ein vierdimensionales auslösen kann, sollte sich auch die Energie des ursprünglichen zehndimensionalen Universums berechnen lassen. Ist diese Energie Null, würde dies die »Alles-aus-Nichts«-Theorie unterstützen.

Superstrings und Raumzeit

Zeitreisen ... NUTs ... Alles aus Nichts – dies ist der weitere Umkreis der allgemeinen Relativitätstheorie Einsteins. Einige der sehr bizarren Implikationen seiner Gleichungen konnte er, wie er zwischen 1940 und 1950 schrieb, mit dem Einwand negieren, man könne sie wohl »aus physikalischen Gründen« ausschließen. Andere skeptische Physiker schlossen diese befremdlichen Ideen jedoch aus anderen Gründen aus, beispielsweise weil Kommunikation mit diesen exotischen, die Kausalität verletzenden Universen nicht möglich wäre. Doch alles Für und Wider beruht bis heute ausschließlich auf Spekulationen.

Erlaubt eine Quantentheorie der Gravitation ein nichtkausales Universum? Ist das Schwarze Loch ein Tor zu einem anderen Universum? Die Superstring-Theorie ist unter anderem auch deshalb so interessant, weil sie Berechnungen vieler Quantenkorrekturen zu Einsteins Relativitätstheorie ermöglicht und damit diese Fragen endgültig beantworten kann.

Die dazugehörige Mathematik mag schwierig sein, doch im Prinzip sind alle Daten vorhanden, so daß alle Faktoren sorgfältig abgewägt und die spekulativen Vorstellungen ein für allemal geklärt werden können.

Zur Zeit kennen wir noch nicht auf alle Fragen eine Antwort, und es wird für die Superstring-Forscher in den nächsten Jahren viel zu tun geben. Vielleicht wird das Buch einige unserer jüngeren Leser inspirieren, der kosmischen Frage nach einer Gleichung für unser Universum nachzugehen, und sie könnten diejenigen sein, die schließlich die Antwort finden.

11. Jenseits von Einstein

Was liegt hinter dem fernsten Stern?

Wie entstand das Universum?

Was geschah vor dem Beginn der Zeit?

Seit sie das erste Mal die Unendlichkeit des Sternenhimmels bewußt wahrnahm, rätselt die Menschheit über diesen Fragen.

Alle Aufregung über die Superstring-Revolution beruht

auf der Erkenntnis, daß wir vielleicht den Antworten auf diese Fragen jetzt nahekommen. Es ist eine atemberaubende Vorstellung, vielleicht an der Schwelle eines Zeitalters zu stehen, das uns detaillierte, numerische Antworten auf die Fragen gibt, die schon die Antike vor Jahrtausenden beschäftigt haben.

Wenn die Superstring-Theorie erfolgreich ist, stehen wir vielleicht vor dem Endpunkt eines historischen Prozesses, zu dem die genialsten Wissenschaftler in der Geschichte der Menschheit beigetragen haben. Wenn es Physikern gelingt, die Superstring-Theorie als eine vollständig endliche Quantentheorie der Gravitation nachzuweisen, wäre sie die gesuchte einheitliche Theorie des Universums. Wir stünden vor der Beantwortung der kosmischen Fragen, die in den dreißiger Jahren mit Einstein und seinem Versuch, die Schwerkraft mit den anderen Elementarkräften zu vereinigen, ihren Anfang nahm.

Es ist nur natürlich, daß Physiker von dieser Idee berauscht sind. Zunächst als schöne, aber durch und durch unpraktikable Idee angesehen, ist der Gedanke einer Vereinigung aller vier Naturkräfte während der vergangenen zwanzig Jahre zum dominierenden Thema der theoretischen Physik geworden. Vielleicht kulminiert vor unseren Augen ein Erkenntnisprozeß, der vor dreihundert Jahren mit den Arbeiten Newtons begann. Um mit Glashow zu sprechen, beginnen sich die bisher isolierten Fäden der physikalischen Theorie zu verweben und ein Muster von außergewöhnlicher Schönheit und Eleganz zu erzeugen. Wenn sie richtig ist, könnte die Superstring-Theorie die krönende Errungenschaft der heutigen Physik werden.

Wie Schwarz feststellte, ist die »Elementarteilchenphysik anders als alle anderen Zweige der Naturwissenschaft, da ihre Probleme so spezifisch sind, daß nach ihrer vollständigen Beantwortung keinerlei Fragen mehr zu klären blieben. In keinem anderen Zweig der Naturwissenschaft gibt es auch nur die abstrakte Möglichkeit, sie bis ans Ende zu führen, nicht in der Chemie und nicht in der Biologie. Selbst andere Zweige der Physik, beispielsweise die Festkörperphysik, die Atomphysik oder die Plasmaphysik sind niemals vollständig. In der Theorie der Elementarteilchen sucht man nach fundamentalen Gesetzen und es ist durchaus plausibel, daß sie alle Fragen beantworten könnte, wenn die Schönheit und Geschlossenheit, nach der wir suchen, tatsächlich existiert.«

Die Implikationen dieser Behauptung sind schwindelerregend. Für Historiker ist die Entdeckung eines seltenen, vergilbten, jahrhundertealten Manuskripts ein unschätzbar wertvoller Fund, der die Verbindung zur Vergangenheit herstellt und uns die Lebensweise und Gedankenwelt der Menschen längst versunkener Zeiten zeigt. Für Archäologen sind wertvolle Artefakte, die in den Ruinen antiker Städte gefunden wurden, unbezahlbare Schätze. Sie erzählen uns, wie unsere Vorfahren vor Jahrtausenden ihre Städte bauten, Handel trieben und Kriege führten, noch ehe dies durch die Geschichtsschreibung festgehalten wurde. Geologen bewundern die Schönheit von Edelsteinen, die tief in der Erdkruste vor Millionen von Jahren entstanden sind. Alle Arten von Gestein geben uns unschätzbare Hinweise auf die frühe Beschaffenheit der Erde und erlauben Rückschlüsse auf die vulkanischen Kräfte, die die Kontinente formten. Astronomen stehen ehrfürchtig vor der Tatsache, daß das Licht, das sie in ihren Teleskopen sammeln, von fernsten Sternen vor Jahrmilliarden ausgestrahlt worden ist. Dieses »antike« Licht hilft ihnen zu verstehen, wie das Universum aussah, als es noch jung war.

Für einen Physiker bietet die Superstring-Theorie die Möglichkeit, eine Zeit zu erforschen, die lange vor der Geschichtsschreibung angefangen hat, lange vor der Zeit, aus der geologische Funde stammen, und sogar vor der Zeit, über die astronomische Beobachtungen berichten. Die Superstring-Theorie führt uns zurück zum *Ursprung der Zeit*, als alle kosmischen Kräfte vollständig symmetrisch waren und eine primäre Superkraft darstellten. Die Superstring-Theorie beantwortet Fragen über Phänomene, die das Zentrum unserer Existenz berühren, aber jenseits aller menschlichen Erfahrung liegen.

Symmetrie und Schönheit

Zu unserem Erstaunen ist unser Universum sehr viel einfacher als ursprünglich angenommen, so daß sich in gewisser Weise ein Kreis zu schließen beginnt. Vor Newton glaubten Wissenschaftler an eine perfekte Ordnung und eindeutige Struktur des Universums. Mit dem 19. Jahrhundert jedoch wuchs das Durcheinander, bis hin zur Entdeckung von Relativitätstheorie und Quantenmechanik, und die Physik erschien immer hoffnungsloser und chaotischer. Es sieht so aus, als ob wir heute zu den ursprünglichen Ideen zurückkehrten, zu einem geordneten Universum, wenn auch auf einer sehr viel höheren und differenzierteren Ebene.

Die Superstring-Theorie zeigt, daß Symmetrie eine zentrale Rolle in der Physik spielt. Einerseits wissen wir, daß Symmetrie allein nicht ausreicht, um alle Gesetze der Physik zu erklären. Andererseits jedoch sind einige Wissenschaftler davon überzeugt, daß Schönheit, wenn sie auf physikalischer Evidenz beruht, ein bemerkenswert genauer Führer ist. Schwarz sagt dazu: »Historisch gesehen hat das Kriterium der Schönheit der theoretischen Physik gute Dienste geleistet, wenn man auf einer fundamentalen Ebene forschte. Für die Forschung in der Biologie mag das anders sein, doch wenn man die Struktur der fundamentalen Physik auf ihrer tiefsten Ebene betrachtet, ist ein Modell um so erfolgreicher, je eleganter und einfacher es ist – aus Gründen, die niemand versteht. Die ganze Geschichte der Physik der letzten zwei bis drei Jahrhunderte bis hin zu Newton liefert dafür den klaren Beweis.«

Wir sehen, daß die Natur anspruchsvollere, aber dabei einfachere Mechanismen für den Bau des Universums einsetzt, als wir ursprünglich dachten. Obwohl die Mathematik in schwindelnde Höhen gewachsen ist, ist das physikalische Bild, das diese Mathematik leitet, viel einfacher, als irgend jemand in Anbetracht all der chaotischen Daten, die unsere Teilchenbeschleuniger ausspuckten, je vermutet hätte.

Außerdem scheint die Natur weitaus einheitlicher zu sein, als wir lange Zeit angenommen haben. Um auch nur einen Überblick über die Ideen der modernen Physik zu bekommen, hat man sich vormals durch die verschiedensten Lehrbücher über Schwarze Löcher, Laser, Quarks, Quantenmechanik, Elektromagnetismus usw. hindurcharbeiten müssen. Diese Informationsexplosion verwirrt jeden Anfänger. Ein Physikstudent müßte mindestens zwanzig Bände verdauen, um die gegenwärtigen Trends in der Physik zu verstehen. Heute ist es möglich, ein Buch zu schreiben, das einen umfassenden, einheitlichen Ansatz für die gesamte Physik liefert und ihre wesentlichen Prinzipien in einige wenige bildliche Begriffe faßt. Das, in der Tat, ist das Thema dieses Buches.

Die vielleicht wichtigste Lektion der vergangenen Jahrzehnte liegt jedoch in der Erkenntnis, daß Symmetrien nicht nur ein praktisches und optimales Instrument der Natur zum Aufbau physikalischer Strukturen sind. Sie sind vielmehr für die Natur unentbehrlich. Die Vereinigung der Quantenmechanik mit der Relativitätstheorie enthält so viele Fallen – geradezu ein Minenfeld der Anomalien, Divergenzen, Tachyonen (Teilchen, die sich schneller als das Licht bewegen), Geisterteilchen (Teilchen mit negativer Wahrscheinlichkeit) und andere Krankheiten –, daß sehr viel Symmetrie zu ihrer Eliminierung erforderlich ist.

Vereinfacht gesagt, das Superstring-Modell »funktioniert«, da es mehr Symmetrien besitzt, als je in einem physikalischen Modell gefunden wurde. Mit diesen Symmetrien, die sich naturgemäß aus einer Theorie ergeben, die auf

Strings statt auf Punktpartikeln beruht, können alle Anomalien und Divergenzen beseitigt werden.

In gewissem Sinne liefern Superstrings auch eine Antwort auf Diracs Ablehnung der Renormierungstheorie. Er konnte sich nicht mit dem Gedanken anfreunden, daß Unendlichkeiten durch einen Taschenspielertrick, den Feynman und andere eingeführt hatten, eliminiert werden können. Für Dirac war die Renormierungstheorie so künstlich und konstruiert, daß er sich weigerte, an sie als ein potentiell fundamentales Prinzip der Natur zu glauben. Hatte Feynman, der Spaßvogel und Zauberer, eine ganze Physikergeneration in die Irre gelockt?

In der Superstring-Theorie sind Renormierungen nicht erforderlich. Nach Ansicht ihrer Befürworter sind alle Feynman-Schleifendiagramme aufgrund der enormen, ihr innewohnenden Symmetrien endlich.

Es sind viele Universen denkbar, die mit der Relativitätstheorie kompatibel sind, und ebenso viele können konstruiert werden, die den Gesetzen der Quantenmechanik gehorchen. Doch die Zusammenführung beider Modelle erzeugt so viele Divergenzen, Anomalien, Tachyonen usw., daß wohl nur eine einzige handfeste Lösung des Problems in Frage kommt. Einige Physiker sind bereit, eine Menge Geld zu verwetten, daß nur die Superstring-Theorie die endgültige Lösung sein kann.

Wie ein Detektivroman

Die schwierige Entwicklung der vereinheitlichten Feldtheorie von ihren frühen primitiven Anfängen bis hin zur heutigen Superstring-Theorie ist mit einem raffiniert konstruierten Detektivroman vergleichbar.

Wie in einem Detektivroman ist die Geschichte klar gegliedert. In der ersten Phase werden die Hauptcharaktere vorgestellt – vergleichbar mit der Phase, als Newton, Maxwell, Planck und Heisenberg einige grundlegende Eigenschaften der Naturkräfte identifizierten und erklärten. Diese Phase nahm allerdings außerordentlich viel Zeit in Anspruch, weil nicht einmal die Richtung klar war, in die die Forschung gehen würde, wohingegen in einem Detektivroman das Verbrechen eindeutig definiert ist. In der Physik hatte nur Einstein in den dreißiger Jahren ein klares Bild von der Richtung, die man einschlagen sollte, doch er arbeitete in völliger Isolation. Darüber hinaus mangelte es ihm an wichtiger Information über einen seiner Hauptdarsteller: die Kernkraft.

Das zweite Stadium verbindet die verschiedenen Personen miteinander, indem zunächst Hinweise auf ihre Identität gegeben werden. In der Physik entspricht dieses Stadium dem verwirrenden, aber unaufhaltsamen Fortschritt zwischen 1950 und 1970, als die Physiker die SU(3)-Symmetrie der starken Wechselwirkungen und die SU(2)-Symmetrie der schwachen Wechselwirkungen identifizierten. Dabei stellten sich die Lie-Gruppen als das formale System heraus, das die verschiedenen Kräfte erklärte, doch weder ihr Ursprung noch ihre Funktion wurden dabei deutlich. Schließlich wurde das Quark-Modell eingeführt, doch auch dessen Ursprung war ungeklärt, ebenso wie die Frage, was die Quarks aneinanderbindet.

Im dritten Stadium bringt der Detektivroman die einzelnen am Verbrechen beteiligten Personen in Verbindung miteinander und lockt dabei den Leser wiederholt auf eine falsche Fährte. In der Physik korrespondiert dies mit der Zeit in den siebziger Jahren, als die Eichsymmetrie sich eindeutig als der Rahmen für die Vereinheitlichung der starken, schwachen und der elektromagnetischen Wechselwirkungen herausstellte. Aber die Ausgangspositionen waren nicht immer richtig. Die S-Matrix-Theorie wurde als Alternative zur Quantenfeldtheorie vorgeschlagen, doch sie entpuppte sich

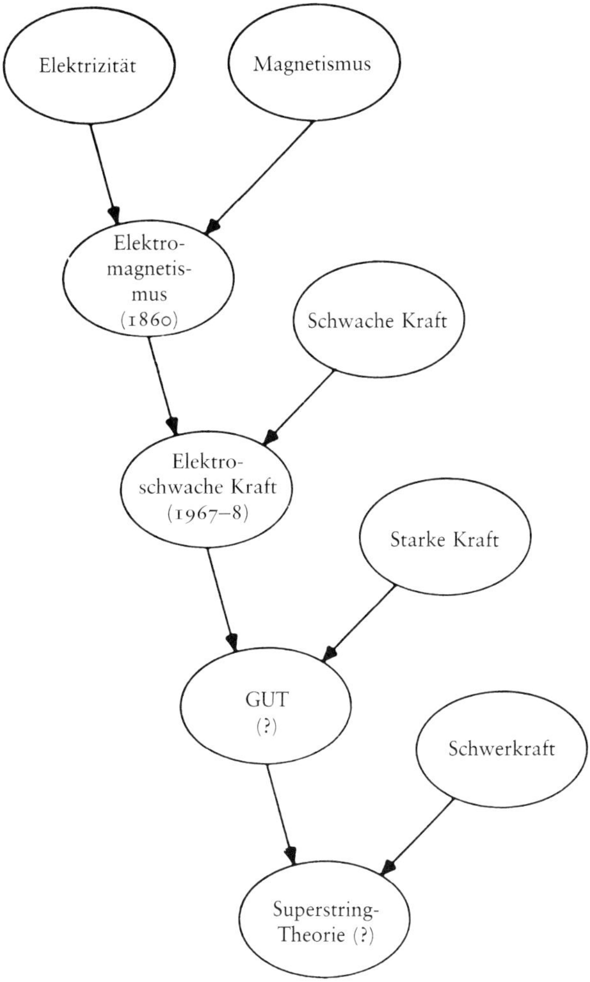

Die Abbildung zeigt die historische Entwicklung der vereinheitlichten Feldtheorie, die 1860 mit Maxwells Entdeckung begann, daß Elektrizität und Magnetismus zu einer elektromagnetischen Kraft zusammengefaßt werden können.

als Geburtshelfer der Superstring-Theorie. Diese Periode deckte jedoch auch das Mißverständnis über die Bedeutung der String-Theorie auf.

Im vierten Stadium werden die Hinweise in die richtige Ordnung gebracht, und die endgültige Lösung beginnt sich abzuzeichnen. In der Physik entspricht dies den letzten Jahren, als die Superstring-Theorie sich als die konkurrenzlose Theorie des Universums zu erweisen schien. Obwohl eine experimentelle Prüfung in weiter Ferne ist, reichen die bisherigen theoretischen Ergebnisse aus, um das Superstring-Modell als die lang gesuchte vereinheitlichte Feldtheorie anzusehen.

Künftige Großmeister

Wenn das Verbrechen in einem Detektivroman aufgeklärt ist, ist die Geschichte zu Ende. Bedeutet das, auf die Physiker übertragen, daß sie sich schließlich selbst arbeitslos machen würden?

Glashow erzählte die folgende Fabel über einen Besucher von einem anderen Planeten: »Arthur ist ein intelligenter Außerirdischer von einem entfernten Planeten, der am Washington Square in New York eintrifft und zwei alte Käuze Schach spielen sieht. Neugierig stellt sich Arthur zwei Aufgaben: Er will die Regeln des Spiels erkennen, und er will Großmeister in diesem Spiel werden. Elementarteilchen-Physiker stellen sich eher die erste Aufgabe. Festkörperphysiker, die mit absoluter Sicherheit und Genauigkeit die Regeln des Spiels kennen, sind mit der zweiten konfrontiert. Der größte Teil der modernen Naturwissenschaft wie Chemie, Geologie und Biologie gehört zur zweiten Kategorie. Nur in der Teilchenphysik und in der Kosmologie sind die Regeln teilweise bekannt. Beide Aufgaben sind wichtig – die eine mehr ›relevant‹, die andere mehr ›fundamental‹. Beide sind immense Herausforderungen für den menschlichen Intellekt.«

Das folgende Beispiel soll das verdeutlichen. Ein Krebsforscher studiert mit Hilfe der Molekularbiologie das Innere eines Zellkerns. Er wird die Behauptung eines Physikers, er habe die fundamentalen Gesetze, denen die Atome im DNA-Molekül unterliegen, bis ins letzte verstanden, nicht anzweifeln. Er wird sie aber für völlig nutzlos halten, denn sie helfen ihm nicht, den Krebs zu besiegen. Um den Krebs heilen zu können, müssen die Gesetze der Zellbiologie bekannt sein, bei denen die Gesamtheit von vielen Billionen Atomen eine Rolle spielt – ein Problem, das auch die größten Computer nicht lösen können. Die Quantenmechanik dient lediglich dazu, die der Molekularchemie zugrundeliegenden Regeln zu erkennen, doch kein Computer wäre leistungsfähig genug, um mit Hilfe der Schrödingergleichung sinnvolle Daten über DNS-Moleküle und Krebs zu berechnen.

Die Behauptung, daß die Quantenmechanik im Prinzip alle chemischen Probleme löst, sagt alles und zugleich nichts. Sie sagt alles, denn die Quantenmechanik ist in der Tat die richtige Sprache der Atomphysik. Sie sagt nichts, weil dieses Wissen allein den Krebs nicht heilen kann.

Wie Glashow sagte, erklärt eine vereinheitlichte Feldtheorie zwar die Spielregeln, jedoch nicht, wie wir es in diesem Spiel zur Meisterschaft bringen können.

Die Aussage, die Superstring-Theorie könne im Prinzip alle Kräfte in einer kohärenten Theorie vereinigen, bedeutet nicht das Ende der Physik, sondern nur die Öffnung eines neuen Felds wissenschaftlicher Forschung.

An der Schwelle zu den Sternen

Das wirklich Bemerkenswerte an der heutigen Physik ist, daß sie glaubwürdige Aussagen über den Beginn der Zeit machen kann, während wir, als Spezies, technologisch noch jung sind und gerade anfangen, uns aus dem Gefängnis der Schwerkraft unseres Planeten zu befreien. Sicherlich haben wir seit Giordano Bruno, der 1600 für seine Behauptung sterben mußte, die Sonne sei nur ein Stern, einen weiten Weg zurückgelegt. Technologisch stecken wir jedoch noch immer in den Kinderschuhen und sind gerade erst dabei, die Planeten unseres Sonnensystems zu erforschen. Unsere größten Raumsonden können sich kaum der Anziehungskraft der Sonne entziehen. Selbst größte wissenschaftliche Projekte wie der geplante SSC werden bestenfalls erste Ansätze zu einer möglichen Bestätigung (oder Falsifikation) der GUT und der String-Theorien darstellen.

Doch angesichts unserer relativ primitiven technologischen Entwicklung ist es bemerkenswert, daß wir – da wir die enorme Kraft der Symmetrien entdeckten – in der Lage sind, Aussagen über den Ursprung der Zeit zu machen. Auf der Zeitskala der Evolution ist es vielleicht erst zwei Millionen Jahre her, seit wir die Wälder verließen (kosmisch gesehen allenfalls ein Augenblick), doch es gelingen uns bereits verläßliche Aussagen über Ereignisse, die vor Jahrmilliarden am Anfang der Zeit stattfanden.

Man sollte denken, daß nur eine sehr fortgeschrittene Zivilisation mit gewaltigen Ressourcen imstande sein könne, eine vereinheitlichte Feldtheorie zu entdecken. Nach Vorstellung des Astronomen N. Kardaschew lassen sich fortgeschrittene Zivilisationen in drei Kategorien einteilen: Typ 1 beherrscht die Ressourcen eines ganzen Planeten; Typ 2 beherrscht die Ressourcen eines Sterns; Typ 3 beherrscht die Ressourcen einer ganzen Galaxis.

Von diesem Standpunkt aus gesehen, stehen wir technologisch noch immer an der Schwelle zu Typ 1, doch müßten wir noch weit über unsere gegenwärtige Technologie hinausgehen. Alle Prognosen, wann und wie dies realisiert werden könnte, sind heute noch wilde Spekulationen, die ins Reich der Science-fiction gehören.

Kardaschews Vorstellungen verirren sich dann in noch

unwirklichere Höhen der Spekulation. Er rechnet damit, daß die Menschheit in einigen Jahrtausenden die Sonnenenergie direkt an der Quelle ausbeuten könnte und sich die notwendigen Rohstoffe von den Asteroiden zwischen Mars und Jupiter holt, an deren Kolonisierung er denkt. (Typ 2)

Schließlich hält er interstellare Reisen in der Galaxis für möglich (Typ 3), was bei einem Durchmesser von über 100 000 Lichtjahren angesichts der Skala der menschlichen Lebenszeit schwer vorstellbar ist.

Wenn solche Phantasien wohl mehr ins Reich der Sciencefiction gehören, ist doch das Tempo, mit dem die Naturwissenschaft in den letzten beiden Jahrhunderten in Neuland vorgestoßen ist, atemberaubend. Es bleibt vorerst eher schwierig zu ahnen, wohin die Entwicklung in der Zukunft uns letztlich führen wird.

Wir sind zwar leider noch nicht einmal im Besitz der planetarischen Ressourcen einer Typ-1-Zivilisation und können daher die in einer einheitlichen Feldtheorie beschriebenen theoretischen Möglichkeiten praktisch noch nicht nutzen, doch es mangelt uns sicher nicht an Motivation, Intelligenz und Energie, um weiterhin ihre wunderbaren Spuren theoretisch zu verfolgen.

Anmerkungen

Kapitel 1

1 B. M. S., *Anomaly Cancellation Launches Superstring Bandwagon,* in: Physics Today (Juli 1985), S. 20.
2 M. Mitchell Waldrop, *String as a Theory of Everything,* in: Science (September 1985), S. 1251.
3 Telefoninterview John Schwarz, 25. Februar 1986.
4 Sheldon Glashow, *Desperately Seeking Superstrings?,* in: Physics Today (Mai 1986).
5 Symposium *Anomalies, Geometry and Topology,* Argonne National Laboratory, Argonne, Illinois, 29.-30. März 1985.
6 Freeman Dyson, *Disturbing the Universe,* New York: Harper & Row 1979, S. 62.

Kapitel 2

1 D. W. Singer, *Giordano Bruno, His Life and Thought,* New York: Abelard-Schumann 1950, zitiert von C. W. Misner, K. S. Thorne und J. A. Wheeler in *Gravitation,* San Francisco: W. H. Freeman, S. 755.
2 Abraham Pais, *Subtle is the Lord ...,* Oxford: Oxford University Press 1982, S. 43.
3 Ebenda.
4 S. Chandrasekhar, *Einstein and General Relativity: Historical Perspectives,* in: American Journal of Physics (März 1979), S. 216.
5 Pais, *Subtle is the Lord ...,* S. 462.
6 Ebenda, S. 465.
7 Ebenda, S. 462.
8 E. H. Hutten, zitiert von A. P. French (Hg.), *Einstein. A Centenary Volume,* Cambridge: Harvard University Press 1979, S. 254.
9 Brief an H. Weyl, 6. Juni 1922, zitiert von Pais, *Subtle is the Lord ...,* S. 328.

Kapitel 3

1 Pais, *Subtle is the Lord ...*, S. 371.

2 In dieser Hinsicht spielt die Plancksche Konstante $\hbar$ für die Quantentheorie dieselbe Rolle wie c (die Lichtgeschwindigkeit) für die Relativitätstheorie. Die Welt der Quantentheorie und der Relativitätstheorie erscheint uns nur deshalb so fremd, weil die Geschwindigkeit des Lichts und die winzige Größe der Planckschen Konstante das menschliche Vorstellungsvermögen überschreiten. Intuitiv oder dem »gesunden Menschenverstand« zufolge, müßte c unendlich und $\hbar$ null sein; dann würden sowohl die relativistischen als auch die Quanteneffekte völlig verschwinden.

3 Pais, *Subtle is the Lord ...*, S. 456.

4 Ebenda, S. 13.

5 Max Born/Albert Einstein, *The Born-Einstein Letters*, New York: Walker & Company 1971, S. 91 (dt. *Briefwechsel 1916–1955*, München 1969).

6 Albert Einstein, Boris Podolski und Nathan Rosen, *Can Quantum-Mechanical Description of Physical Reality Be Considered Complete?*, in: Physical Review 47 (1935), S. 777 ff.

7 Ebenda, S. 461.

8 Ebenda, S. 467.

9 Ebenda, S. 462.

10 Ebenda.

11 Die meisten Physiker lösten das Paradoxon von Schrödingers Katze, indem sie eine Unterscheidung zwischen mikroskopisch kleinen Objekten, die als Mischungen atomarer Zustände beschrieben werden, und makroskopischen Objekten, wie beispielsweise Katzen, treffen. Die Standardlösung geht davon aus, daß der entscheidende Unterschied zwischen mikroskopischen Ereignissen (z. B. der Kollision zweier Atome) und makroskopischen Ereignissen (z. B. der Verbreitung von Zigarettenrauch in einem Zimmer) darin liegt, daß mikroskopische Ereignisse im Gegensatz zu makroskopischen eine Zeitumkehr erlauben. Wenn wir beispielsweise einen Film sehen, bei dem zwei Atome aufeinanderprallen, würden uns die Geschehnisse im Film auch dann normal erscheinen, wenn er rückwärts liefe. Nach mikroskopischen Maßstäben kann die Zeit sowohl vorwärts als auch rückwärts laufen, beides ergibt einen Sinn. Dagegen wäre ein Film, der eine brennende Zigarette zeigt, nur sinnvoll, wenn der »Zeitpfeil« in die Zukunft gerichtet ist, das heißt, der Rauch sich verteilt und nicht in die Zigarette zurückfließt. Das makroskopische Ereignis fixiert damit den Zeitpfeil in die Richtung, die

die Unordnung vergrößert (d.h. die Verteilung des Zigarettenrauchs). Physiker sagen in diesem Fall, daß die Entropie makroskopischer Ereignisse (das Maß für die Unordnung) die Richtung des Zeitpfeils festlegt, und damit die Unterscheidung zwischen reversiblen mikroskopischen Ereignissen und irreversiblen makroskopischen Ereignissen ermöglicht. – Das Wesentliche einer Beobachtung liegt darin, daß sie zeitlich nicht umkehrbar ist, d.h. der Film wird entwickelt und speichert die Botschaft der Photonen. Er kann nicht »zurückentwickelt« werden. Das heißt, daß der Informationstransfer eine Zunahme der Entropie zur Folge hat. Demnach ist nicht das Bewußtsein die wesentliche Eigenschaft einer Beobachtung; auch »bewußtlose« Apparaturen können Beobachtungen registrieren. Die wesentliche Eigenschaft einer Beobachtung ist der Informationstransfer, der die Irreversibilität des Geschehens impliziert. Der irreversible Informationstransfer kann über das menschliche Gedächtnis wie auch über einen Film stattfinden.

12 Gary Zukav, *The Dancing Wu Li Masters*, New York: Bantam Books 1980, S. 208 (dt. *Die tanzenden Wu Li Meister*, Hamburg 1981).

Kapitel 4

1 Richard Feynman, *Surely You're Joking, Mr. Feynman!*, New York: W.W. Norton 1985 (dt. *»Sie belieben wohl zu scherzen, Mr. Feynman!«*, München 1987).

2 Dyson, *Disturbing the Universe*, S. 55f.

3 John Gribbin, *In Search of Schrödinger's Cat*, New York: Bantam Books 1984, S. 259 (dt. *Auf der Suche nach Schrödingers Katze*, München 1987).

4 Heinz Pagels, *The Cosmic Code*, New York: Bantam Books 1983, S. 217.

5 Paul Davies, *Superforce*, New York: Simon & Schuster 1984, S. 123 (dt. *Die Urkraft*, Hamburg 1987).

6 Robert P. Crease/Charles C. Mann, *How the Universe works*, in: The Atlantic Monthly (August 1984) S. 87.

7 Ebenda, S. 89.

8 Sheldon Glashow, Rede anläßlich der Nobelpreisverleihung in Stockholm 1979.

9 Um eine S-Matrix zu erhalten, müssen eine unendliche Anzahl von Feynman-Diagrammen addiert werden. Zunächst erscheint dies hoffnungslos, doch in der Praxis konvergiert bereits das Addieren der ersten Serie von Diagrammen in der QED zu korrekten experimentellen Wer-

ten. Die Reihe konvergiert, weil jede Serie der Feynman-Diagramme um $\frac{1}{137}$ kleiner ist als das vorherige, so daß die Glieder der Reihe sehr schnell kleiner werden. Der Vorgang, unendlich viele, sich rapide verkleinernde Diagramme zu addieren, wird Störungstheorie genannt. Sie funktioniert in der QED und den elektroschwachen Wechselwirkungen überraschend gut, versagt jedoch völlig, wenn man sie auf die starken und gravitativen Wechselwirkungen anzuwenden versucht. – Bei starken Wechselwirkungen versagt die Störungstheorie, weil die unendlichen Reihen der Feynman-Diagramme divergieren, d. h., die Werte werden zunehmend größer und nicht kleiner, wenn die Anzahl der Schleifen zunimmt. Für die Berechnung der starken Wechselwirkungen sind daher nichtperturbative Methoden erforderlich, was jedoch im allgemeinen sehr schwierig, wenn nicht gar unmöglich ist. Die einzige bisher bekannte Methode zur Berechnung der Eigenschaften des Protons ist Ken Wilsons »Eichtheorie«, wonach Raumzeit lediglich als granulares Gitter definiert wird. Nach der Eichtheorie kondensieren Gluonteilchen in stringähnliche Objekte mit der Eigenschaft, Quarks aneinanderzubinden. Um zuverlässige Ergebnisse mit dieser Theorie zu erhalten, sind einige der größten Computer, die jemals konstruiert wurden, erforderlich. – Bei den Wechselwirkungen der Gravitation versagt die Störungstheorie aus ganz anderen Gründen. Wie Heisenberg schon Jahrzehnte zuvor festgestellt hatte, haben in der Quantengravitation alle Serien von Feynman-Diagrammen eine unterschiedliche Dimension und können demzufolge nicht addiert werden (es ist so, als ob man Äpfel und Birnen zusammenzählen wollte). Jede Serie von Feynman-Diagrammen muß also in sich endlich sein. Heisenberg dachte, es wäre ein Wunder, wenn alle diese Milliarden und Abermilliarden von Feynman-Diagrammen in sich endlich wären. Tatsächlich ist nun mittels des Computers eindeutig festgestellt worden, daß eine Quantentheorie der Gravitation auf der Zweischleifen-Ebene zu unendlichen Werten führt; damit ist die Hoffnung auf eine endliche Quantengravitation ein für allemal zerschlagen. – Nur bei der Superstring-Theorie findet dieses »Wunder« tatsächlich statt: Jedes Diagramm höherer Ordnung ist in sich endlich, so daß keine Renormierung notwendig ist. Der Ursprung dieses »Wunders« liegt in den leistungsfähigen Symmetrien, welche die Superstring-Theorie enthält.

10 Nigel Calder, *The Key to the Universe,* New York: Penguin Books 1981, S. 69.

11 Es gibt noch einen weiteren theoretischen Flop in der GUT, der das »Hierarchieproblem« genannt wird. Die GUT stellt das merkwürdige Postulat auf, daß zwischen zwei Energiebereichen eine riesige Lücke

klaffen müsse. Der erste Bereich ist bei ungefähr 10^{16} Milliarden Elektronenvolt und nur unter Bedingungen möglich, wie sie am Anfang der Zeit herrschten. Der andere Bereich ist der Energiebereich der normalen Teilchenphysik, der in Milliarden Elektronenvolt gemessen wird. Die GUT erfordert eine strikte Trennung zwischen diesen beiden Energiebereichen. (Zwischen den heutigen Energien und 10^{16} Milliarden Elektronenvolt gibt es eine riesige »Wüste«, in der keine neuen Wechselwirkungen gefunden wurden.) Doch diese strikte Trennung, die auf der GUT beruht, bricht zusammen, wenn Korrekturen für die Theorie anhand von Feynman-Diagrammen berechnet werden. Die einzig befriedigende Möglichkeit, diese Hierarchie beim Addieren der Feynman-Diagramme aufrechtzuerhalten, besteht darin, eine vierdimensionale Supersymmetrie in die GUT (genannt SUSY-GUT) einzubauen. – Die SUSY-GUT löst zwar das Hierarchieproblem, ist aber äußerst schwerfällig und zu spitzfindig, um als eine wirklich fundamentale Theorie angesehen zu werden. Darüber hinaus sagt sie nichts über die Gravitation aus. – Vom Standpunkt eines Superstring-Physikers aus gesehen geht die SUSY-GUT nicht weit genug. Würde sie zur Theorie der Superstrings erweitert, wäre sie wieder elegant und einfach und könnte sogar, sozusagen als Bonus, die Quantengravitation integrieren.

Kapitel 5

1 Leider veröffentlichte Suzuki seine eigenen Ergebnisse nicht mehr, nachdem er von der Entdeckung der Beta-Funktion durch Veneziano gehört hatte. Daher wird in der wissenschaftlichen Literatur fast ausschließlich vom »Veneziano-Modell« gesprochen.

2 Eine frühere, weniger elegante Version der Superstring-Theorie, die auf Streifen beruht, wurde von Leonard Susskind, damals an der Yeshiva University of New York, und von H. B. Nielsen vom Niels Bohr Institut in Kopenhagen, sowie von Nambu vorgeschlagen. Diese »Strip-Theorie« wurde schließlich von Nambu (und unabhängig davon auch von dem inzwischen verstorbenen Tetsuo Goto von der Nihon University, Kanda, Japan) zu einer vollständigen Superstring-Theorie verallgemeinert.

3 Laurie M. Brown, *Yoichiro Nambu: The First Forty Years* (Northwestern University Preprint), in: Progress of Theoretical Physics (Kyoto 1986).

4 Ebenda.

5 Dyson, *Disturbing the Universe,* S. 57.

6 Natalie Angier, *Hanging the Universe on Strings*, in: Time (13. Januar 1986), S. 57.
7 Ebenda, S. 56.

Kapitel 6

1 Sophus Lie und Elie Cartan zeigten, daß es genau sieben Lie-Gruppen gibt, die A, B, C, D, E, F und G genannt wurden. Die ersten vier Gruppen A-D werden mit einer ganzen Zahl n bezeichnet, die beliebig groß sein kann. Damit ist die Anzahl dieser Gruppen unendlich. Mit den restlichen Lie-Gruppen E-G waren Physiker jahrzehntelang beschäftigt, da sie eine bestimmte Anzahl von Quarks ermöglichen. Da Physiker immer nach der kleinstmöglichen Anzahl von Bestandteilen der Materie suchen, gelang es anhand der E-G Gruppen noch am ehesten, ihre Symmetrien zu beschreiben. – Die Gruppen A, B, C und D sind historisch die gebräuchlichsten für die Konstruktion von Quark- und Leptonenmodellen. Ein vertrauteres System für die Bezeichnung dieser Gruppen ist das folgende:
$A(n) = SU(n + 1)$
$B(n) = SO(2n + 1)$
$C(n) = SP(2n)$
$D(n) = SO(2n)$
wobei das »S« für »Spezial« steht (d. h. die Matrix hat die Determinante eins), »O« für »Orthogonal«, »U« für »Unitär« und »SP« für »Symplektisch«. Zwar wurden bereits unzählige Male Elementarteilchen mit Hilfe dieser Gruppen beschrieben, doch leider kann keine der Theorien den beliebigen Wert von n festlegen. Jedoch kommen die Gruppen E-G nur in dem folgenden Satz vor: G(2), F(4), E(7), E(8). – Da es nur eine kleine Anzahl dieser Gruppen gibt, mutmaßen Teilchentheoretiker, daß damit auch erklärt werden kann, weshalb es eine bestimmte Anzahl von Quarks gibt. So ist zum Beispiel die Gruppe E(6) beim Aufbau der GUT erfolgreich gewesen. – Die Superstring-Theorie jedoch besitzt die Symmetrie $E(8) \times E(8)$ und erklärt damit nicht nur alle bekannten Teilchen, sondern sagt auch Milliarden weiterer Teilchen voraus. Wenn die Superstring-Symmetrie gebrochen wird, bricht sie wahrscheinlich zu E(6) und dann weiter zu $SU(3) \times SU(2) \times U(1)$. – Zusätzlich zu den sieben Gruppen gibt es noch die Supersymmetriegruppen, die bei der ursprünglichen Katalogisierung von Lie und Cartan fehlten, beispielsweise die orthosymplektische Gruppe Osp(N/M) und die superunitäre Gruppe SU(N/M). Die beiden letzteren wiederum sind die zugrundeliegende Symmetrie für die Supergravitation und die superkonforme Gravitation.

2 Crease und Mann, in: The Atlantic Monthly, S. 73.
3 Ebenda, S. 75.
4 Ebenda.
5 Die Yang-Mills-Theorie wurde unabhängig auch von Robert Shaw und R. Utiyama vorgestellt.
6 Calder, *The Key to the Universe,* S. 185.

Kapitel 7

1 Telefoninterview mit John Schwarz.
2 Ebenda.
3 Technisch gesehen war das Neveu-Schwarz-Ramond-Modell zunächst nicht vollkommen supersymmetrisch, da es zu viele Teilchen enthielt. Gervais und Sakita bewiesen 1971, daß das Neveu-Schwarz-Ramond-Modell auf der zweidimensionalen Ebene eine zweidimensionale Supersymmetrie besaß, die durch den sich in der Raumzeit bewegenden String definiert wurde. Es war jedoch keine echte zehndimensionale Raumzeit-Supersymmetrie. – 1977 hielten es F. Gliozzi, J. Scherk und D. Olive für möglich, daß das Modell eine echte zehndimensionale Supersymmetrie besitzen könne, wenn man einen Teilbereich der Theorie zugrundelegte (den »geraden G-Paritäts-Sektor«). Sie nahmen ein sehr leistungsfähiges, aber auch sehr schwer verständliches mathematisches System zu Hilfe (erstmalig formuliert von Carl G. J. Jacobi im Jahr 1829!), um zu beweisen, daß die Teilchenzahl des bosonischen Bereichs und des fermionischen Bereichs identisch war, wenn diese mathematischen Kürzungen angewandt wurden. Michael Green und John Schwarz verifizierten diese Annahme im Jahr 1980. Im Jahr 1983 fanden Green und Schwarz schließlich die erste gequantelte Superstring-Gleichung, eine supersymmetrische Version der Nambu-Theorie. Dieser Nachweis markierte offiziell die Geburt der Superstring-Theorie.
4 Telefoninterview mit John Schwarz.
5 Michio Kaku und Joel Scherk, *Divergence of the Two Loop Veneziano Amplitude,* in: Physical Review (1971), S. 430, 2000.
6 Eine Version der Supergravitation wurde fast gleichzeitig von Bruno Zumino und Stanley Deser, beide am CERN, entdeckt. Auch eine kompliziertere Version der Supergravitationstheorie, die jedoch viel zu viele Teilchen besaß, und die von Richard Arnowitt und Pran Nath von der Northeastern University noch vor der Stony Brook-Gruppe vorgeschlagen wurde, muß ebenfalls in diesem Zusammenhang erwähnt werden.

7 Ursprünglich schlugen Michael Green und John Schwarz eine Superstring-Theorie vor, die auf den Lie-Gruppen O(32) basierte und sowohl offene als auch geschlossene Strings enthielt. Doch obwohl die O(32)-Superstring-Theorie keine Anomalien aufwies, hatte sie Schwierigkeiten bei der Erklärung der experimentellen Eigenschaften der bekannten Elementarteilchen. Bald darauf schlug die Princeton-Gruppe einen weiteren Rivalen vor, der auf der Lie-Gruppe E(8) × E(8) basierte, nur geschlossene Strings besaß und dieses Problem mit dem Experiment nicht hatte. Damit wird der Princeton-Superstring, oft als »heterotischer String« bezeichnet, experimentell dem O(32)-String gegenüber bevorzugt. Wenn heute vom Superstring die Rede ist, ist damit allgemein der heterotische String gemeint.
8 Crease und Mann, in: The Atlantic Monthly, S. 91.
9 Ebenda, S. 91-92.
10 Telefoninterview mit John Schwarz.

Kapitel 8

1 Heinz Pagels, *Perfect Symmetry*, New York: Simon & Schuster 1986, S. 209.
2 Dennis Overbye, *Wizard of Time and Space*, in: Omni (Februar 1979), S. 46.
3 Ebenda, S. 104.
4 Ebenda.
5 Ebenda.
6 Ebenda.

Kapitel 9

1 Pais, *Subtle is the Lord ...*, S. 330.
2 Ebenda.
3 Technisch gesehen und nach sehr allgemeinen physikalischen Annahmen hat die sechsdimensionale Mannigfaltigkeit die mathematische Struktur einer »Calabi-Yau-Mannigfaltigkeit« (nach ihren Entdeckern Calabi und Yau). Leider wird die direkte Berechnung der Spaltung eines zehndimensionalen Universums in vier- und sechsdimensionale Universen durch die komplexe mathematische Struktur dieser Calabi-Yau-Räume erschwert. Letztlich müssen Physiker wahrscheinlich eine nichtperturbative Berechnung dieser Calabi-Yau-Räume vornehmen, um den

Bruch des zehndimensionalen Universums erklären zu können. Das Ziel ist zu zeigen, daß die zehndimensionale Raumzeit ursprünglich instabil war und mit Hilfe der Quantenmechanik in eine stabilere Konfiguration »getunnelt« wurde, gegeben durch die Calabi-Yau-Mannigfaltigkeit mit sechs Dimensionen und die gewohnte Mannigfaltigkeit mit vier Dimensionen. – (Man nahm auch an, daß die topologische Struktur dieser Calabi-Yau-Räume schließlich die Frage beantworten würde, weshalb es mindestens drei Quark- und Leptonenfamilien gibt.)

4 Zunächst könnte man diesen Effekt mit der Täuschung vergleichen, die durch zwei einander gegenüberstehende Spiegel erzeugt wird. Die unendliche Bildabfolge der beiden Spiegel ist jedoch reine Imagination; wollten wir eines der Bilder fassen, würden wir lediglich auf die Spiegel stoßen. Die Bilder existieren nur durch die Reflexion des Lichts zwischen den beiden Spiegeln. Für unsere Augen besteht diese unendliche Bilderfolge jedoch ganz real. Es ist möglich, das vor einem liegende Bild im Spiegel zu umfassen; das entspricht der Vorstellung, daß die Hand das ganze Universum umkreist und die Schulter dann von hinten ergreift, ähnlich wie ein Hund, der sich in den Schwanz beißt. Das Gehirn nimmt diesen Effekt nur deshalb wie eine unendliche gerade Sequenz von uns selbst wahr, weil es nicht imstande ist, sich die gekrümmte Raumzeit vorzustellen. Das menschliche Hirn kann nur das Licht interpretieren, das auf das Auge fällt.

Kapitel 10

1 Calder, *The Key to the Universe*, S. 25.
2 Schilpp, *Albert Einstein: Philosopher-Scientist*, S. 687.
3 Ebenda.
4 George Gamov, *My World Line*, zitiert von John Gribbin, *In Search of the Big Bang*, New York: Bantam Books 1986, S. 374.

Kapitel 11

1 Telefoninterview mit John Schwarz.
2 Ebenda.
3 Sheldon Glashow und Leon Lederman, *The SSC: A Machine for the Nineties*, in: Physics Today (März 1985), S. 32.

Literaturverzeichnis

Abbott, Edwin A., *Flatland*, New York: Signet 1984 (dt. *Flächenland: ein mehrdimensionaler Roman, verfaßt von einem alten Quadrat*, Stuttgart 1982).

Bernstein, Jeremy, *Science Observed*, New York: Basic Books 1982.

Calder, Nigel, *The Key to the Universe*, New York: Penguin 1981 (dt. *Schlüssel zum Universum*, Hamburg 1981).

Carnap, Rudolf, *Philosophical Foundations of Physics*, New York: Basic Books 1966.

Crease, Robert P. und Mann, Charles C., *The Second Creation*, New York: Macmillan 1986.

Davies, Paul, *Superforce*, New York: Simon & Schuster 1984 (dt. *Die Urkraft*, Hamburg 1987).

Feynman, Richard P., *Surely You're Joking, Mr. Feynman*, New York: Bantam Books 1986 (dt. *»Sie belieben wohl zu scherzen, Mr. Feynman!«*, München 1987).

French, A. P., *Einstein: A Centenary Volume*, Cambridge, Mass.: Harvard University Press 1979.

Gamov George, *One, Two, Three ... Infinity*, New York: Bantam Books 1961.

Gibilsco, Stan, *Black Holes, Quasars and Other Mysteries of the Universe*, Blue Ridge Summit, Pa.: Tab Books 1984.

Gribbin, John, *In Search of the Big Bang*, New York: Bantam Books 1986.

–, *In Search of Schrödinger's Cat*, New York: Bantam Books 1984 (dt. *Auf der Suche nach Schrödingers Katze*, München 1987).

–, *Spacewarps*, New York: Delta/Eleanor Friede 1984.

Guillemin, Victor, *The Story of Quantum Mechanics*. New York: Charles Scribner's Sons 1968.

Kaufmann, William, *Black Holes and Warped Spacetime*, San Francisco: W. H. Freeman 1979.

Pais, Abraham, *Subtle is the Lord ...*, Oxford: Oxford University Press 1982 (dt. *Raffiniert ist der Herrgott ... Albert Einstein – Eine wissenschaftliche Biographie*, Braunschweig/Wiesbaden 1986).

Pagels, Heinz, *The Cosmic Code*, New York: Bantam Books 1983.

–, *Perfect Symmetry*, New York: Simon & Schuster 1986.

Silk, Joseph, *The Big Bang*. San Francisco: W. H. Freeman 1980 (dt. *Der Urknall*, Basel/Berlin 1990).

Snow, C. P., *The Physicists*, Boston: Little, Brown & Company 1981.

Weinberg, Steven, *The First Three Minutes*, New York: Bantam Books 1984 (dt. *Die ersten drei Minuten*, München 1977).

Wolf, Fred Alan, *Taking the Quantum Leap*, New York: Harper & Row 1981.
Zukav, Gary, *The Dancing Wu Li Masters*, New York: Bantam Books 1980 (dt. *Die tanzenden Wu Li Meister*, Hamburg 1981).

Fachliteratur über Superstrings:
Alessandrini, V. D., Amati, M., LeBellac and D. Olive, in: Physics Reports, Band 1 C 1971, S. 269-346.
Frampton, Paul, *Dual Resonance Model*, Benjamin 1974.
Lüst, D., Theisen, S. in: Lecture Notes in Physics No. 346, 1989.
Mandelstam, Stanley, in: Physics Reports, Band 13 C, 1974, S. 259-353.
Rebbi, Claudio, in: Physics Reports, Band 12 C, 1974, S. 1-73.
Scherk, Joël, in: Reviews of Modern Physics, Band 47, Januar 1975, S. 123-164.
Schwarz, John, *Superstrings*, Band I und II, Singapur 1985.
–, in: Physics Reports, Band 8 C, 1973, S. 269-335.

Register

Zu dieser Ausgabe

Michio Kaku / Jennifer Trainer
Jenseits von Einstein
Die Suche nach der Theorie des Universums
insel taschenbuch 1791

Der Text folgt der Ausgabe: Michio Kaku / Jennifer Trainer, *Jenseits von Einstein. Die Suche nach der Theorie des Universums*, Insel Verlag Frankfurt am Main und Leipzig 1993. Die amerikanische Originalausgabe erschien 1987 unter dem Titel *Beyond Einstein. The Cosmic Quest for the Theory of the Universe*, bei Bantam Books, New York.